Tomas Bohinc

Karriere machen, ohne Chef zu sein

Praxisratgeber für eine erfolgreiche Fachkarriere

Bibliografische Information der Deutschen Nationalbibliothek

Die Deutsche Nationalbibliothek verzeichnet diese Publikation
in der Deutschen Nationalbibliografie; detaillierte bibliografische
Daten sind im Internet über http://dnb.d-nb.de abrufbar.

ISBN 978-3-89749-807-5

Lektorat: Dr. Michael Madel, Ruppichteroth
Umschlaggestaltung: Martin Zech Design, Bremen I www.martinzech.de
Umschlagfoto: James Walshe/zefa/Corbis, Düsseldorf
Satz und Layout: Lohse Design, Büttelborn
Druck: Salzland Druck, Staßfurt

www.gabal-verlag.de
Abonnieren Sie unseren Newsletter unter:
newsletter@gabal-verlag.de

Inhalt

Vorwort   7

1. Karrieren im Wandel   8
Karriere: So gestalten Sie Ihre berufliche Entwicklung   9
Fachkarriere: die Entdeckung der Experten 17
Strategisches Karrieremanagement:
Karrierespirale statt Kaminkarriere 21
Das bietet Ihnen dieses Buch 24

2. Karrieren für Fachexperten 28
Innendienst: Know-how für Produktion
    und Verwaltung 29
Berater und Trainer helfen anderen, besser zu werden 34
Vertrieb und Service kümmern sich um die Kunden 40
Projektleiter: ein Manager der besonderen Art 48

**3. Karriereplanung als Voraussetzung
    für den Weg nach oben** 54
Vision: Antrieb für den Erfolg 55
Berufsumfeld: Das Umfeld bestimmt die Karriere mit 60
Standortbestimmung: ein realistisches Selbstbild
    gewinnen 65
Karrierestrategie: fit sein für den Erfolg 69
Projekt Karrieresprung: So planen Sie
    den nächsten Karriereschritt 75
Der richtige Zeitpunkt für einen Karrieresprung 77

4. Berufliche Entwicklung sichert eine Poolposition 90
Entwicklung: die eigenen Kompetenzen auf-
    und ausbauen 91
Mitarbeiterentwicklungsgespräche: den Vorgesetzten
    für die Karriere gewinnen 94
Qualifizierung: auf dem Weg zur neuen Kompetenz 103

**5. Mit Selbstmarketing und Networking
   den Marktwert steigern** **115**
Selbstmarketing: So gewinnen Sie Profil **116**
Kommunikationsstrategie:
   Entscheider für sich gewinnen **121**
Veröffentlichungen & Co.: Selbstmarketing
   durch unternehmensexterne Aktivitäten **126**
Expertennetzwerke: Erfahrungen austauschen
   und Wissen aufbauen **132**
Professionelles Networking: Das eigene Netzwerk
   ist kein Zufall **136**
Kontaktpflege: helfen und sich helfen lassen **139**
Karrierenetzwerk: Networking für die Karriere nutzen **145**

6. Karrieresprung durch professionelle Bewerbung **148**
Stellensuche: die richtige Auswahl treffen **149**
Bewerbungsstrategie: scheibchenweise Interesse wecken **153**
Bewerbungsgespräch: mit Argumenten überzeugen **165**
Guter Start in der neuen Position **176**

7. Die wichtigsten Aspekte des Karrierewegs **180**

Verzeichnis der Arbeitstechniken und Checklisten **185**

Literaturverzeichnis **187**

Stichwortverzeichnis **189**

Der Autor **192**

Vorwort

Karriere machen, ohne Chef zu sein. Geht das?

Ja, das geht! Denn Unternehmen sind auf das Wissen und Können von Fachexperten und Spezialisten angewiesen. Und deshalb etablieren immer mehr Unternehmen neben der Managementkarriere gleichwertige Fachlaufbahn-Karrieren, um im vielbeschworenen „war for talent" exzellente Fachkräfte zu gewinnen und an das Unternehmen zu binden. Das ist Ihre Chance – und zwar nicht nur in Unternehmen mit Fachlaufbahnen. Denn kompetente Fachexperten sind für die Unternehmen immer interessant.

Nutzen Sie Ihren Expertenstatus

Fachlaufbahnen gibt es für Mitarbeiter in Vertrieb und Service, für Ingenieure, Naturwissenschaftler und IT-Spezialisten in der Produktion, für die Mitarbeiter in den Querschnittsabteilungen der Konzernzentralen, für Projektleiter sowie für Consultants und Trainer. Unternehmen sind auf das Wissen und Können dieser Fachexperten angewiesen. Denn nur mit deren Leistung können sie hochwertige und innovative Produkte auf den Markt bringen. Allerdings heißt das nicht, dass jeder dann automatisch zum hochkarätigen Experten, anerkannten Projektleiter oder erfolgreichen Verkäufer aufsteigt. Sie müssen schon etwas dafür tun!

Erfolgreiche Fachkarrieren

Dieses Buch zeigt Ihnen, wie Sie als Mitarbeiter eine attraktive Fachexpertise erwerben und wie Sie sie im Unternehmen nutzen, um die Karriereleiter hinaufzuklettern. Karriere machen Sie, wenn Sie über ein attraktives und ausgezeichnetes Fachwissen verfügen und Ihre Leistungen wahrgenommen werden können. Zudem sollten Sie sich professionell bewerben können. Vor allem aber sollten Sie sich immer wieder aktiv mit Ihrer Karriere auseinandersetzen und überlegen, wie Sie sie noch besser gestalten können.

Die Karriere aktiv planen

Wie das geht, möchte ich Ihnen nun zeigen.

Dr. Tomas Bohinc

1. Karrieren im Wandel

Geschafft, ich habe eine Stellung in einem renommierten Unternehmen! Jetzt steht einer erfolgreichen Laufbahn nichts mehr im Wege. Mein Arbeitgeber sorgt für mich und meine Karriere. Ich bin loyal, engagiert und fleißig, und mein Chef wird sehen, wie gut ich bin, und mir helfen, die Karriereleiter hochzuklettern.

Sind Sie auch dieser Auffassung? Hoffentlich nicht. Mit dieser Einstellung konnten Sie zwar noch in der Mitte des letzten Jahrtausends Karriere machen. Im neuen Jahrtausend gelingt dies nur noch in Ausnahmefällen.

Neue Karriere-vorstellungen Neue Karrierevorstellungen gewinnen in vielen Unternehmen langsam Gestalt: Mit Begriffen wie Fachkarriere, Kompetenzkarriere oder Fachlaufbahnen werden Entwicklungswege für Fachkräfte beschrieben, die ihnen eine Karriere ermöglichen, die denen der Führungskräfte vergleichbar sind. Bereits bei 30 Prozent der DAX-Unternehmen ist dies der Fall. Sie eröffnen damit Mitarbeitern, deren Stärke in der fachlichen Bewältigung von Aufgaben liegt, die gleichen Chancen wie ihren Führungskräften.

Karriere als Fachexperte Aber nicht nur in Unternehmen, die Fachkräften eine eigene Karriere anbieten, haben Sie als Fachexperte gute Chancen. Der Erfolg eines Unternehmens hängt immer mehr vom Wissen und Können seiner Ingenieure, Betriebswirte, IT-Spezialisten, Projektleiter, Berater oder Vertriebsfachleute ab. Diese Chance können Sie umso besser nutzen, je mehr Sie Ihren Entwicklungsweg selbst in die Hand nehmen.

Karriere: So gestalten Sie Ihre berufliche Entwicklung

„Willst du Erfolg haben, müssen drei Dinge zusammenkommen: Du musst wissen, was du tust, leben, was du tust, und an das glauben, was du tust."

WILLIAM PENN ADAIR ROGERS,
KOMIKER UND ENTERTAINER

Die spontane Antwort vieler Menschen auf die Frage: „Was heißt für Sie Karriere?", ist meist die folgende: „Karriere macht derjenige, der schnell und kontinuierlich in der Hierarchie des Unternehmens hinaufklettert." Mit dem Wort Karriere assoziieren die meisten Menschen Vorwärtskommen, Erfolg, Geld, Zufriedenheit und gesellschaftliche Anerkennung.

Definition Karriere

Das Wort Karriere kommt aus dem Französischen. „Carrière" bedeutet: voller Lauf, Laufbahn, Galopp oder schnelles Vorwärtskommen. Im Deutschen wird damit ein schneller beruflicher Aufstieg bezeichnet. Doch die Bedeutung des Wortes Karriere erweitert sich. Karriere beschreibt mehr und mehr auch die berufliche *Entwicklung* eines Mitarbeiters. Eine Bedeutung, welche die englische Übersetzung des Wortes, nämlich „career", schon lange hat.

Fachliche Verantwortung

Karriere ist demnach eine Folge von Stellen oder Positionen, die Mitarbeiter während ihrer beruflichen Laufbahn einnehmen. Bei einer Managementkarriere bedeutet dies eine Abfolge von hierarchisch immer höheren Positionen. Bei einer Fachkarriere ist ein Aufstieg in Positionen mit einer immer größeren fachlichen Verantwortung gemeint.

> Die neuen Karrierekonzepte stellen die Entwicklung des Mitarbeiters in den Vordergrund.

Entwicklung ist wichtig

Statt festgelegter Laufbahnen beschreiben die neuen Karrierekonzepte vor allem Entwicklungsschritte. Karriere macht man durch die Erweiterung seiner Kompetenzen. Je mehr Sie als Mitarbeiter dafür sorgen, dass sich Ihr Kompetenzspektrum ständig weiterentwickelt, umso größer ist Ihre Chance, die Nase beim beruflichen Aufstieg vorn zu haben.

Nutzen Sie Ihre Chance als Fachexperte

Karriere ist in der Vorstellungswelt der meisten Menschen immer noch eine Führungs- oder Managementkarriere. Doch Lean Management, Fusionen und Reorganisationen erschütterten diese Karrierevorstellung. Führungsprozesse wurden optimiert – und damit Führungspositionen minimiert. Eine bittere Erfahrung für viele Führungskräfte. Denn dadurch wurden in der Vergangenheit viele Führungspositionen abgebaut. Für Nachwuchsführungskräfte gibt es immer weniger Stellen, und für die wenigen Stellen viele Bewerber.

Führungskarriere versus fachliche Entwicklung

Für Mitarbeiter mit nicht sehr stark ausgeprägten Führungseigenschaften bedeutet dies, dass es für sie schwieriger wird, sich in einer Führungskarriere zu bewähren. Darum gilt: Als Fachkraft müssen Sie sich Ihrer Stärken bewusst werden und sich fragen,

- ob eine Führungskarriere für Sie ein erfolgreicher Entwicklungsweg ist oder
- ob Sie sich besser auf Ihre fachliche Entwicklung konzentrieren sollten.

Fachkarriere bietet Chancen

Für Fachexperten eröffnen sich mit einer Fachkarriere gleichwertige Entwicklungsmöglichkeiten. Denn immer mehr Unternehmen bieten für Mitarbeiter mit exzellenter fachlicher Qualifikation sogenannte Fachkarrieren an. Fachkarrieren beschreiben Karrierewege für Experten im Unternehmen und geben den Mitarbeitern in dieser Karriere die gleichen Entwicklungsmöglichkeiten und Privilegien wie ihren Kollegen in der Managementkarriere. Die Karrierewege werden vielfältiger, und Entwicklungschancen bieten sich auch außerhalb der Führungslaufbahn. Andererseits wird Ihre Verantwortung für Ihre Karriere immer größer. Nicht nur die fachliche Kompetenz ist für eine Karriere notwendig, sondern auch die Fähigkeit, seine eigene Karriere zu planen und aktiv zu gestalten.

Das dritte Jahrtausend bietet vielfältige Möglichkeiten, Karriere zu machen. Natürlich gibt es sie auch noch, die klassische Kaminkarriere. Sie wird auch als vertikale Karriere bezeichnet. Die Managementkarriere ist eine typische vertikale Karriere. Teamleiter, Abteilungsleiter, Filialleiter, Niederlassungsleiter, Geschäftsbereichsleiter und Vorstand sind dabei typische Karrierestufen.

Karrieremöglichkeiten

Neben dieser klassischen Managementkarriere haben sich Fachkarrieren etabliert. Fachexperten im Innendienst, Vertriebs- und Servicemitarbeiter, Consultants, Trainer und Projektmanager haben eigenständige vertikale Karrieren. Jede vertikale Karriere hat mehr oder weniger klar abgegrenzte Stufen. Mit jeder Stufe wächst nicht nur das Gehalt, sondern auch die Bedeutung und das Ansehen im Unternehmen und die soziale Anerkennung unter den Kollegen. Einen Überblick über die Karrierekonzepte gibt Abbildung 1.

Vertikale Karriere

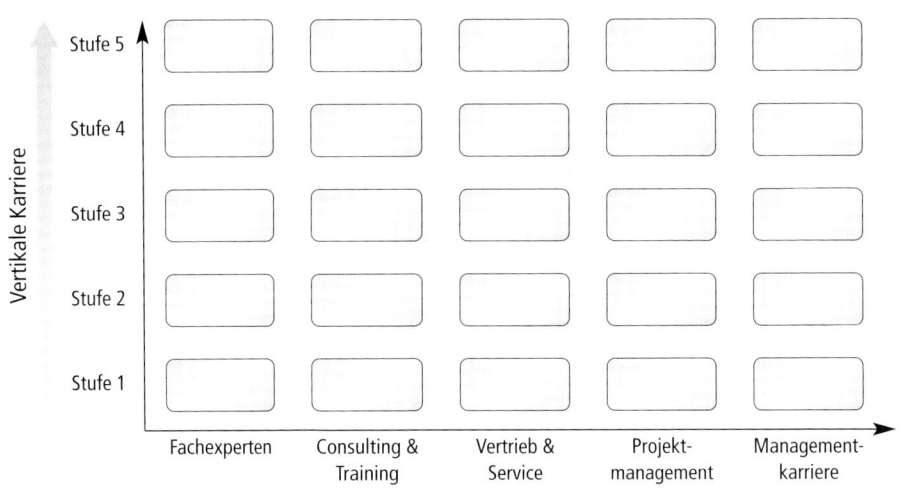

Abbildung 1: Vertikale und horizontale Entwicklungen eröffnen Chancen

Vertikale und horizontale Entwicklungschancen

Fachkarrieren haben die Karrierelandschaft vielfältiger gemacht. Karriere machen Sie nicht mehr alleine dadurch, dass Sie als Chef, Projektleiter oder Fachexperte aufsteigen. Karriere machen Sie auch, wenn Sie zwischen diesen Karrieren sinnvolle Wechsel vollziehen. Dies nennt man horizontale Karriere.

Horizontale Beispiele

So können Sie beispielsweise als Ingenieur in einer Entwicklungsabteilung beginnen. Wenn Sie dann feststellen, dass Ihnen der Umgang mit Menschen leichtfällt, eröffnet sich Ihnen die Chance, Ihre Fähigkeit und Ihr fachliches Know-how als Vertriebsingenieur oder Consultant noch besser zu nutzen. Sie können dann vielleicht viel schneller aufsteigen, als wenn Sie in der Entwicklungsabteilung bleiben. Horizontale Karrieren bieten oft auch eine gute Möglichkeit, sich neue Chancen zu schaffen, wenn Sie zum Beispiel merken, dass Sie in Ihrer Abteilung nicht mehr weiterkommen oder der Bestand der Abteilung auf dem Spiel steht.

Beruflicher Entwicklungsweg

Karriere ist nicht nur der möglichst steile Aufstieg nach oben. Es ist der Weg, den man in seinem beruflichen Werdegang nimmt. Für diesen eröffnen sich in der heutigen Berufslandschaft immer mehr Möglichkeiten: Konzentrieren Sie sich in Ihrer Karriere auf einen Karrierepfad, so werden Sie wahrscheinlich mehr oder weniger schnell aufsteigen. Durch den Wechsel zwischen den Karrierepfaden schaffen Sie sich ein breiteres Spektrum an Kompetenzen. Dies macht Sie weniger anfällig für Störungen im Karriereverlauf. Sie müssen aber auch bei einer horizontalen Karriere Ihre Kompetenzen zielgerichtet erweitern.

Tipps für Ihren Erfolg

- Nutzen Sie Ihre Chance als Fachexperte, wenn Ihre Stärken mehr in der Bewältigung von Fachaufgaben als in der Führung von Mitarbeitern liegen.
- Vertikale und horizontale Entwicklungsmöglichkeiten bieten Alternativen für eine berufliche Laufbahn, die Ihren Vorstellungen entspricht.
- Gestalten Sie Ihren beruflichen Entwicklungsweg bewusst und überlassen Sie Ihre Karriere nicht dem Zufall.

Gestalten Sie Ihre Karriere

Schlagzeilen wie die folgenden lösen immer wieder Angst und Unsicherheit aus: „Unternehmen X fusioniert mit Unternehmen Y. Mehrere hundert Stellen sind gefährdet." Oder „Unternehmen Z meldet Insolvenz wegen Umsatzeinbruch an". Stabile Unternehmen sind die Voraussetzungen für eine stabile und kontinuierliche Karriere. Aber was passiert, wenn sich die Unternehmenslandschaft in einem ständigen Umbruch befindet?

Die Chance, den Arbeitsplatz im gleichen Unternehmen für immer und ewig zu behalten, sinkt. Selbst in großen Unternehmen gibt es keine Sicherheit dafür, dass Sie dort bis zum Eintritt in die Rente bleiben können. Märkte und Branchen verändern sich, die Strategien des Unternehmens passen sich neuen Gegebenheiten an, und manchmal erzwingt die wirtschaftliche Situation drastische Eingriffe in die Organisation.

Veränderungen in der Unternehmenslandschaft

Stellen Sie sich darum auf diese Situation ein. Behalten Sie die Entwicklung in Ihrem Themengebiet im Blick und bereiten Sie sich darauf vor, ihre Karrierevorstellung der Realität anzupassen. Dabei gibt es typische Situationen: Karrierereparatur, Karrierewartung und Karrieregestaltung.

Flexibilität ist gefragt

Der Auslöser für eine Karrierereparatur ist der Wegfall des Arbeitsplatzes. Diese Situation kündigt sich meist kaum bemerkbar an. Anzeichen sind: Dienste der Abeilung werden nicht mehr nachgefragt, die Abteilung muss ihre Existenz immer mehr rechtfertigen, Gerüchte über die Schließung oder Verlagerung der Abteilung werden verbreitet.

Karrierereparatur

Die Gründe, warum der Arbeitsplatz wegfällt, haben in den meisten Fällen nichts mit der Qualifikation der Mitarbeiter zu tun. Entweder gehört eine Abteilung nicht mehr zum Kerngeschäft des Unternehmens oder ein bestimmtes Produkt oder eine Dienstleistung wird nicht mehr nachgefragt. In diesem Fall sollten Sie möglichst die Stelle im Unternehmen wechseln oder sich eine vergleichbare Stelle in einem anderen Unternehmen suchen. Die Situation sieht anders aus, wenn nicht nur die konkrete Stelle wegfällt, sondern die Tätigkeit selbst nicht mehr gefragt ist. Dann müssen Sie

Rechtzeitig reagieren

zusätzlich auch noch Ihre Kompetenz erweitern oder eine neue Kompetenz aufbauen.

Reaktion bei Karrierewartung

Eine Karrierewartung wird erforderlich, wenn die Anforderungen an die Stelle sich verändern. Die Gründe dafür liegen in der Entwicklung neuer Techniken und Verfahren, in veränderten Kundenwünschen oder darin, dass unbedingt innovative Produkte geliefert werden müssen. Bei der Karrierewartung passen Sie Ihre Kompetenz am besten der Entwicklung in Ihrem Aufgabengebiet an. Tun Sie dies nicht, bleibt zwar Ihre Kompetenz gleich, aber Sie selbst entwickeln sich zurück, weil die Anforderungen an die Position steigen.

Karriere-gestaltung

In den beiden zuvor beschriebenen Fällen reagieren Sie. Bei der Karrieregestaltung agieren Sie. Sie entwickeln Ihre Kompetenzen so weiter, dass Sie damit eine neue Aufgabe und Stelle übernehmen können. Karrieregestaltung ist die systematische Entwicklung der eigenen beruflichen Kompetenzen, um die eigene berufliche Entwicklung aktiv zu gestalten. Damit erreichen Sie sichtbare Karriereschritte, die mit einem höheren Gehalt und Ansehen einhergehen.

Sichtbarkeit von Karriere

In einer Führungskarriere sind Karriereschritte immer mit der Übernahme einer neuen und zumeist größeren Abteilung und einem Aufstieg in der Hierarchie verbunden. Dies ist in der Fachkarriere anders:

■ *Die fachliche Verantwortung steigt:* Ein Account-Manager wird für einen bedeutenderen Kunden zuständig und damit auch für ein höheres Auftragsvolumen; einem Projektmanager wird die Leitung eines größeren und für das Unternehmen bedeutenderen Projektes übertragen; der Spezialist erhält eine komplexere und schwierigere Aufgabe.

■ *Die Titel ändern sich:* Viele Fachkarrieren haben eine Titelhierarchie. Sie reichen zum Beispiel im Consulting von einem Junior-Berater über den Senior-Berater bis hin zu einem Prinzipal. Andere Titel in einer Fachkarriere sind: Fellow, Graduate, wissenschaftlicher Assistent, höherer fachwissenschaftlicher Berater.

Veränderungen bei Fachkarriere

■ *Das Gehalt steigt:* Zu einem echten Karrieresprung gehören auch ein höheres Gehalt und bessere Nebenleistungen. Der höheren Verantwortung im Job muss eine bessere Bezahlung gegenüberstehen. Da die Höhe des Gehaltes in den meisten Unternehmen unter die Schweigepflicht fällt, ist dies der Teil der Karriere, der am wenigsten sichtbar wird.

■ *Das Ansehen wächst:* Mit der neuen Aufgabe zeigen Sie auch immer eine neue Kompetenz. Damit wächst das Ansehen im Unternehmen und bei den Kollegen. Ihre Meinung bei wichtigen Themen ist nun gefragt.

Tipps für Ihren Erfolg

■ Die Voraussetzungen für Ihre Karriere werden sich im Laufe Ihres Berufslebens ändern. Stellen Sie sich darauf ein, Ihre Karriereerwartungen an die veränderten Situationen anzupassen.

■ Reagieren Sie adäquat auf die Veränderungen in Ihrem beruflichen Umfeld. Dazu haben Sie drei Möglichkeiten: Karrierereparatur, Karrierewartung oder Karrieregestaltung.

■ Eine Fachkarriere machen Sie, indem Sie eine größere fachliche Verantwortung erhalten. Damit ändert sich Ihr Titel, Ihr Gehalt steigt und Ihr Ansehen im Unternehmen wächst.

Karriere als Unternehmen „Ich"

„Egal ob selbstständig oder angestellt – auch Arbeitnehmer müssen Unternehmer im Unternehmen sein, wollen sie langfristig ihren Arbeitsplatz behalten." Dies sagte eine mittelständische Unternehmerin, welche die Charta der Gründungsoffensive in Nordrhein-Westfalen unterzeichnet hatte. Damit fordert sie Mitarbeiter auf, etwas für ihr eigenes Fortkommen zu tun und sich für den Arbeitsmarkt wettbewerbsfähig zu halten. Das Schlagwort für diese neue Einstellung und Haltung zur Karriere heißt Employability.

Beschäftigungsfähigkeit sichern

Employability bedeutet übersetzt: Beschäftigungsfähigkeit. Das Konzept kommt aus den USA und macht den Mitarbeiter zum Unternehmer, der dafür sorgt, dass er in seinem Umfeld beschäftigungsfähig ist und bleibt. Employability ist ein Konzept, bei dem der Mitarbeiter zu einem Unternehmer in eigener Sache wird. Sein Erfolg wird dadurch bestimmt, wie gut er sich fachlich auf den neuesten Stand bringt und sich aus eigener Initiative qualifiziert.

Karriere machen bedeutet, den Wert der eigenen Arbeitskraft ständig zu steigern. Karriere macht der, der seine Kompetenz kontinuierlich erweitert und damit seine Attraktivität erhöht. Damit werden Sie wertvoller für Ihren Kunden – den Arbeitgeber. Es ist Ihre Fähigkeit, immer komplexere und verantwortungsvollere Aufgaben zu übernehmen, die Ihren Wert in der Hierarchie des Unternehmens bestimmt.

Vorteile für den Arbeitgeber

Dieses Konzept hat für die Unternehmen den Vorteil, dass sie über engagierte und gut ausgebildete Mitarbeiter verfügen können, die sich selbst um ihre eigene Karriere kümmern. Es setzt jedoch auch voraus, dass die Unternehmen ihren Mitarbeitern mehr Selbstständigkeit und Eigenverantwortung einräumen. Employability heißt nicht, dass sich Unternehmen nicht mehr um die Qualifizierung ihrer Mitarbeiter kümmern müssen. Im Gegenteil: Sie müssen ihren Mitarbeitern Qualifizierungschancen eröffnen.

Vorteile für Sie

Was bedeutet dies nun für Ihre Karriere? Sie sind gefordert, sich wie ein Unternehmer auf dem Arbeitsmarkt zu positionieren. Sie müssen herausfinden, welche Stärken Sie haben, mit denen Sie langfristig eine Kompetenz aufbauen können, die gefragt ist. Aber Sie müssen auch rechtzeitig reagieren, wenn Sie merken, dass Ihre Kompetenz an Bedeutung verliert – und nicht erst dann, wenn Ihr Arbeitsplatz gefährdet ist. Experten können eine Fachkompetenz aufbauen, die attraktiv für das Unternehmen ist und in den oberen Karrierestufen dazu beiträgt, die Kompetenz des gesamten Unternehmens mitzugestalten.

Tipps für Ihren Erfolg

- Fühlen Sie sich wie ein Unternehmer für Ihre Karriere verantwortlich.
- Bauen Sie eine Kompetenz auf, die Sie attraktiv für Ihr Unternehmen und den Arbeitsmarkt macht.
- Gestalten Sie das Wissen und die Kompetenz Ihres Unternehmens mit. Dies macht Sie wertvoll für Ihr Unternehmen.

Fachkarriere: die Entdeckung der Experten

„Unser Wissen ist nicht vorhanden, wenn es nicht benutzt wird."
IGOR STRAWINSKY (1882–1971),
RUSS.-AMERIK. KOMPONIST

Wie wichtig sind Experten? Eine Untersuchung von Manpower gibt darüber Auskunft: Vertriebsmitarbeiter, Techniker und Ingenieure stehen auf den vorderen Plätzen in der Rangfolge der gefragten Mitarbeitergruppen. Demgegenüber stehen Manager erst an der neunten Stelle.

Bedeutungszunahme der Experten

Unsere Gesellschaft kommt ohne Experten nicht aus. Die Produkte, die sie erzeugen, werden immer komplizierter. Selbst eine einfache Waage hat einen Mikrochip, und für die Produktion eines Hamburgers in einer Fast-Food-Kette braucht man Wissen in den Bereichen Ernährung und Logistik und muss sich mit den Bestimmungen der Gesundheitsbehörde auskennen. Noch wichtiger ist das Wissen für die sogenannten wissensbasierten Produkte. Deren Herstellung ist ohne Ingenieure, Softwareentwickler und andere Spezialisten aller Fachgebiete einfach nicht mehr denkbar.

Wertschöpfung durch Experten

Unternehmer wissen, dass nicht alleine das Management zur Wertschöpfung im Unternehmen beiträgt, sondern auch das Wissen und Können der Experten. Vor allem aber für die Innovation von neuen Produkten und Dienstleistungen brauchen Unternehmen exzellente Fachleute. In der Vergangenheit hat man diesen Experten Führungsaufgaben übertragen, um ihnen einen adäquaten Status im Unternehmen zu verleihen. Man weiß aber inzwischen, dass man dadurch gute Experten verloren und schlechte Führungskräfte gewonnen hat.

Im Trend: Fachkarriere

Die Bedeutung der Spezialisten für den Unternehmenserfolg hat in den letzten Jahren zugenommen. Und darum verlangt diese Mitarbeitergruppe immer häufiger – und zu Recht – nach beruflicher Entwicklung und Förderung. Die Antwort vieler Unternehmen war und ist die Einrichtung von Fachkarrieren, Spezialistenkarrieren, Expertenkarrieren oder Fachlaufbahnen. Es sind Karrieren, die sie ihren Spezialisten, Fachspezialisten oder Fachkräften eröffnen wollen.

Unternehmen brauchen Fachlaufbahnen

Umgekehrt gilt: Unternehmen brauchen Karrierechancen für Fachexperten, und dies aus drei Gründen:

1. Der Anteil von Wissen an der Produktion nimmt zu. Ohne gutes Expertenwissen ist wirtschaftlicher Erfolg nicht mehr möglich.

2. Unternehmen können auf dem Markt nur bestehen, wenn sie innovativ sind. Die Einzigartigkeit der Produkte und Dienstleistung bestimmt die Marktposition wesentlich mit. Innovation ist jedoch nur mit einer spezifischen unverwechselbaren Fachkompetenz möglich. Dazu brauchen sie gut ausgebildete und innovative Experten, die einzigartige Produkte und Dienstleistungen hervorbringen.

3. Der Kampf um die guten Experten am Arbeitsmarkt nimmt zu. Gute Fachkräfte werden ihren Arbeitsplatz bei den Unternehmen suchen, die ihren Mitarbeitern in den Fachabteilungen attraktive Entwicklungschancen bieten.

> Eine Fachkarriere ist durch zwei Elemente gekennzeichnet: Mit jedem Karriereschritt steigen die Anforderungen an die Tätigkeit, und die Kompetenz des Mitarbeiters nimmt zu. Damit wächst die Bedeutung für die Wertschöpfung im Unternehmen und das Ansehen des Mitarbeiters steigt.

Fachkarrieresystematik

Etablierte Fachkarrieresysteme sind noch kein Standard wie Führungskarrieren. Aber de facto hat jedes Unternehmen eine Karriere für Mitarbeiter, die sich auch in der Bezahlung und Förderung widerspiegelt. Unternehmen mit einer Fachkarrieresystematik machen die Anforderungen, die an die Mitarbeiter gestellt werden, transparent. So können sie ihre Entwicklung gezielt danach ausrichten. Sie werden durch gute Qualifizierungsprogramme gefördert und genießen einen Status im Unternehmen, der einer Führungskarriere vergleichbar ist.

Mit der Checkliste stellen Sie fest, ob Ihr Arbeitgeber eine Laufbahn für eine Fachkarriere hat.

Checkliste „Fachkarriere"

☐ Es gibt Fachlaufbahnen mit Berufsbildern und Rollen für Fachexperten.

☐ Es gibt für jede Fachlaufbahn eine Hierarchie von Karrierestufen.

☐ Die Anforderungen und Kompetenzen für jede Fachlaufbahn sind beschrieben.

☐ Entwicklungs- und Qualifizierungsprogramme sind auf die Fachlaufbahnen abgestimmt.

☐ Die Karrierestufen der Fachkarriere sind mit denen der Führungskarriere hinsichtlich der Bezahlung und der sozialen Anerkennung im Unternehmen vergleichbar.

☐ Es ist ein Wechsel zwischen den Fachkarrieren und in die Führungskarriere möglich.

☐ Es gibt eine der Führungskarriere vergleichbare Titelstruktur.

☐ Ein Kompetenzzuwachs führt zu einer wahrnehmbaren persönlichen Veränderung in der Organisation (etwa höheres Ansehen).

☐ Die Vergütung orientiert sich prinzipiell am Kompetenzzuwachs und den Aufgaben, die für eine höhere Kompetenz erforderlich sind.

☐ Die nichtmonetären Gehaltsbestandteile (die sogenannten Fringe-Benefits wie Dienstwagen, Regelungen für Dienstreisen, Weiterbildungsbudgets, Vertrauensarbeitszeit, Diensthandy, gekennzeichnete Parkplätze) sind mit denen der Führungslaufbahn vergleichbar.

☐ Fachexperten erhalten wie die Führungskräfte auf einer vergleichbaren Ebene die gleichen Informationen und werden auch zu abteilungsübergreifenden Informationsveranstaltungen eingeladen.

☐ Fachkräfte werden wie Führungskräfte in Entscheidungsprozesse einbezogen, da sie in den meisten Fällen ein kompetenteres Urteil über Fachfragen abgeben können als Führungskräfte.

Es müssen nicht alle Kriterien der Checkliste erfüllt sein, damit Sie in Ihrem Unternehmen als Experte eine erfolgreiche Karriere machen können. Jedoch gilt in der Regel: Je mehr dieser Kriterien erfüllt sind, umso höher ist die Stellung der Fachexperten im Unternehmen zu bewerten.

> Selbst wenn das Unternehmen, in dem Sie arbeiten, noch keine Fachkarriere hat, sollten Sie sich zum Experten entwickeln und als solcher auch wahrnehmbar positionieren. Zum Experten werden Sie nicht durch das Unternehmen gemacht. Das Unternehmen kann Ihnen nur gute oder weniger gute Rahmenbedingungen dazu bieten.

Bedeutung als Experte

Fachexperten rücken ihre Expertise in einem Fachgebiet in den Mittelpunkt und setzen sich mit firmenspezifischen Problemstellungen auseinander. Führungsaufgaben mit Personalverantwortung treten dabei in den Hintergrund, obwohl auch Fachexperten kleine Teams führen können und Top-Fachexperten eine kleine Stabsmannschaft haben. Ihre Bedeutung im Unternehmen jedoch leitet sich nicht von der Führungsverantwortungsaufgabe ab, sondern von ihrer Fachkenntnis.

Fachexpertise als Grundlage

Mit jeder Stufe auf der Karriereleiter vergrößert sich die Fachkompetenz und damit die Verantwortung, die Sie für Produkte und Dienstleistungen im Unternehmen haben. Die Bedeutung der von Ihnen entwickelten Konzepte wird größer, und Fehlentscheidungen oder Fehler können zu wirtschaftlichen Schäden führen. Mehr und mehr tragen Sie auch zur Entwicklung von Themengebieten im Unternehmen bei und gehören so zu den Mitarbeitern, welche die Innovationsleistung im Unternehmen entscheidend mitgestalten. Folgende Punkte also machen Sie in Ihrer Fachkarriere stark:

- Ihre eigene Kompetenz wächst ständig.
- Ihre Fachexpertise gehört zu den Kernkompetenzen des Unternehmens.
- Sie gelten bei den Kunden des Unternehmens als kompetenter Fachmann.
- Sie entwickeln das Themengebiet in Ihrer Fachkarriere für das Unternehmen weiter.
- Sie tragen zum Know-how-Transfer im Unternehmen bei.

Nachteile und Risiken

Der Vorteil der Fachkarriere liegt darin, dass Ihr Berufsweg ruhiger verläuft als in einer Führungskarriere. Sie wachsen kontinuierlich in Ihr Aufgabengebiet hinein und vergrößern dabei Ihre Kompetenz.

Dies birgt jedoch auch Nachteile und Risiken. Die Gehaltssteigerungen sind in der Regel nicht so groß wie in einer Führungskarriere. Der Wert eines Experten für ein Unternehmen hängt von seiner fachlichen Kompetenz ab. Je größer der Wert der fachlichen Kompetenz für das Unternehmen, umso größer ist das Interesse des Unternehmens an dieser Kompetenz – und damit ihr Marktwert. Wird jedoch Ihre fachliche Kompetenz uninteressant für das Unternehmen, nimmt das Risiko zu, den Arbeitsplatz zu verlieren.

Tipps für Ihren Erfolg

- Ermitteln Sie, welche Bedeutung Fachexperten in Ihrem Unternehmen haben. Je größer deren Bedeutung ist, umso größer sind Ihre Chancen, als Experte Karriere zu machen.
- Nutzen Sie die Entwicklungsmöglichkeiten, die Ihnen Ihr Unternehmen als Fachexperte bietet. Damit steigt Ihre Kompetenz, und Ihnen werden verantwortungsvollere Aufgaben übertragen.
- Erfolgreich sind Sie dann, wenn Ihre Expertise zu den gefragten Kompetenzen im Unternehmen gehört, Sie bei den Kunden als kompetenter Fachmann gelten und Sie Ihr Themengebiet im Unternehmen weiterentwickeln können.

Strategisches Karrieremanagement: Karrierespirale statt Kaminkarriere

„Karriere machen bedeutet ... nicht wie früher, eine vorgezeichnete Beamten- oder Offizierslaufbahn zu absolvieren. Es heißt vielmehr, im Laufe der Zeit viele richtige Entscheidungen zu treffen und Aktionen zur rechten Zeit zu veranlassen.“

HANS BÜRKLE, KARRIEREBERATER,
AUTOR VON KARRIERERATGEBERN

„Was möchtest du später mal werden?“ Auf diese Frage antworten Kinder oft: Lokführer oder Kapitän. Welche dieser Wünsche und Träume im späteren Leben einmal wahr werden, überlassen viele Menschen dem Zufall. Erfolgreiche Menschen erkennen im Rückblick einen roten Faden, der sich durch Ihr Leben zieht. Denn einen erfolgreichen Berufsweg kann man planen.

Stratege und Manager in eigener Sache

Karriere wird nicht gemacht, sie wird von eigenverantwortlich handelnden Menschen gestaltet. Dies bedeutet, dass sie ihren eigenen Entwicklungsweg bewusst planen und Schritt für Schritt auch umsetzen. Dies beginnt mit der Entwicklung der Karrierestrategie und endet mit einem professionellen Karrieremanagement. Auch Sie können sich zum Karrierestrategen entwickeln, indem Sie Ihre beruflichen Ziele festlegen und dann Ihre Karriere managen.

Karrierestrategie entwickeln

Lebenssituationen ändern sich, Ihr berufliches Umfeld ist im Wandel und auch die Vorstellungen über die eigene berufliche Zukunft wandeln sich im Laufe der Zeit. Gerade Fachkarrieren sind durch eine starke Dynamik gekennzeichnet: Das Fachgebiet entwickelt sich rasant weiter, Themen werden durch Veränderungen in der Technik überflüssig, völlig neue Arbeitsgebiete entwickeln sich. Es gibt weder einen Automatismus in der Karriere noch einen idealen Karriereweg. Karriere machen Sie, indem Sie:

- die eigenen Wünsche und Fähigkeiten ständig mit den sich bietenden Möglichkeiten abgleichen und
- sich immer wieder zwischen den sich daraus ergebenden Karriereoptionen entscheiden.

Strategisch wie ein Feldherr vorgehen

Das Wort Strategie leitet sich von dem griechischen Wort strategos – Feldherr – ab. Der Feldherr war im Heer derjenige, der auf den Feldherrenhügel stieg und die Armee beobachtete. Dadurch erhielt er einen anderen Blick auf das Geschehen als die Soldaten, die im Gefechtsgetümmel nur danach strebten, einen Feind nach dem anderen zu überwältigen. Der Feldherr sah, auf welcher Seite Gefahr drohte, wo Schwachpunkte des Gegners waren und wo sich Chancen für einen Durchbruch boten. Nutzen Sie für Ihre Karriereplanung diese Feldherren-Metaphorik und verschaffen Sie sich von einer höher gelegenen Warte aus einen Überblick über Ihre Situation. Entscheiden Sie dann, welcher Weg für Sie der beste ist.

> **Die Karrierestrategie ist ein Plan für die langfristige Entwicklung Ihrer beruflichen Entwicklung. Gleichen Sie Ihre Wünsche mit den Möglichkeiten ab. Formulieren Sie Ihre Ziele und legen Sie Maßnahmen fest, mit denen Sie sie erreichen können.**

Entwickeln Sie Ihre Karrierestrategie so früh wie möglich. Ausgangspunkt für Ihre Karrierestrategie sind Ihre Wünsche und Träume. Sie sind Ihre Vision, aus der Sie die Kraft schöpfen, den oft mühsamen Berufsweg zu gehen. Die Entwicklung einer Karrierestrategie beginnt damit, das eigene Umfeld zu betrachten und daraus eine wünschenswerte und realistische Entwicklung abzuleiten. Hieraus entstehen Ihre Karriereziele.

Umfeld beobachten

Karriere machen heißt, dass Sie den ersten Schritt machen. Und dieser erste Schritt ist eine Investition in Ihre Kompetenz. Diese erwerben Sie durch das Studium oder, wenn Sie bereits im Berufsleben stehen, durch Lehrgänge und praktische Berufserfahrungen. Ein erster Schritt auf dem Weg zu einer Karriere bedeutet immer, sich durch eine höhere Kompetenz für eine besser bezahlte Stelle zu qualifizieren. Dies heißt nicht, dass Sie hierfür die Kosten tragen müssen. Qualifizierungschancen bietet Ihnen auch Ihr Arbeitgeber. Sie müssen Sie nur ergreifen und möglichst gut für sich nutzen.

In Entwicklung investieren

Mit einer höheren Kompetenz haben Sie die Voraussetzungen für eine bessere Stelle geschaffen. In der Regel stehen Sie jedoch in Konkurrenz zu anderen Bewerbern. Jetzt kommt es darauf an, diese Stelle auch zu bekommen. Darüber entscheidet nicht nur Ihre Kompetenz, sondern zugleich Ihre Professionalität im Bewerbungsverfahren. Je höher die Stelle, umso höher ist auch der Anspruch, den der zukünftige Arbeitgeber an die Bewerbung und ihre Präsentation im Bewerbungsverfahren stellt. In dem Bewerbungsverfahren müssen Sie Ihre fachliche Kompetenz professionell präsentieren, um sich gegen Ihre Mitbewerber durchzusetzen.

Professionalität im Bewerbungsverfahren

Geschafft! Die neue Stelle ist erreicht und Sie sind erfolgreich. Auch hier setzt kein Automatismus ein. Sie müssen immer wieder beobachten, wie sich Ihr berufliches Umfeld verändert, was Sie dazulernen müssen und wie Sie beruflich vorankommen können. Abbildung 2 zeigt die geschilderte Entwicklung, die von der Vision über die Kompetenzentwicklung und das Bewerbungsprocedere bis zur Stellenbesetzung reicht, im Überblick.

Kontinuierliche Karriereplanung

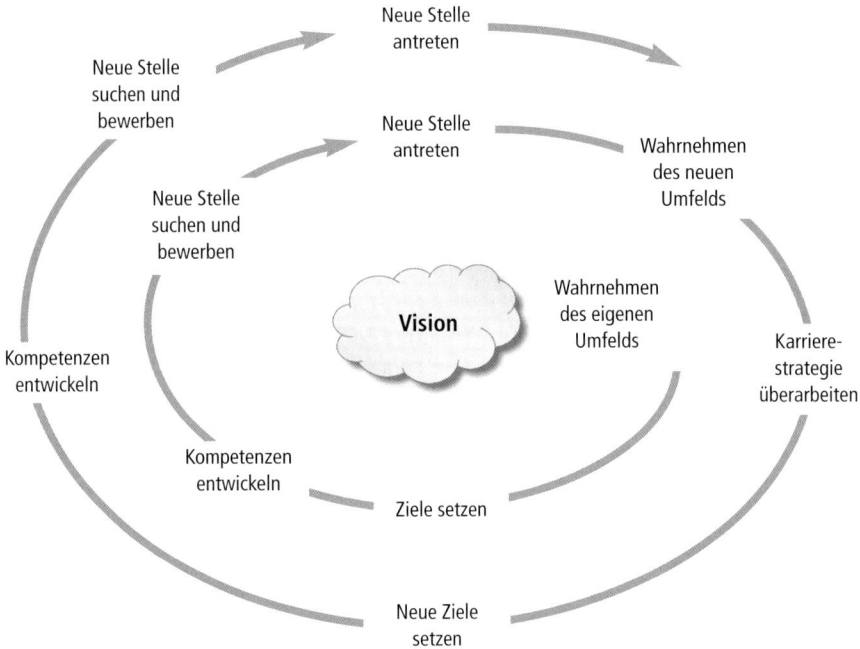

Abbildung 2: Eine an Ihrer Karrierestrategie orientierte Karrieregestaltung bringt Sie nach oben

Ständiger Kreislauf Orientieren Sie Ihre Karriere an Ihrer Karrierestrategie. Dazu sollten Sie das berufliche Umfeld kontinuierlich beobachten und immer wieder entscheiden, welche weiteren Karriereschritte Sie planen und umsetzen müssen. Und wenn Sie die neue Stelle haben, beginnen Sie von vorne. Es ist ein ständiger Kreislauf, bei dem Sie wie in einer Spirale schrittweise nach oben gelangen.

Das bietet Ihnen dieses Buch

In diesem Buch erfahren Sie, wie Sie vorgehen müssen, um als Fachexperten im Innendienst, Vertrieb, Beratung und Projektmanagement Karriere zu machen.

Es gibt vier typische Fachkarriererichtungen. Sie unterscheiden sich dadurch, dass Sie jeweils typische fachliche methodische und soziale Kompetenzen benötigen. Wenn Sie wissen, welche Anforderungen in einer Karriere zu erfüllen sind, können Sie besser entscheiden, welchen Weg Sie einschlagen wollen.

Kapitel 2:
Fachkarrieren

Die Karriereplanung nimmt gedanklich vorweg, was Sie dann in Ihrer Berufslaufbahn umsetzen. Arbeitstechniken, mit denen Sie Ihre beruflichen Wünsche und Träume – Ihre Vision – entwickeln, die Einflüsse Ihres Umfeldes berücksichtigen und Ziele daraus ableiten, helfen Ihnen, die Gedanken zu strukturieren und zu dokumentieren. So erfahren Sie mehr über Ihre Wünsche und wie Sie diese mit den Anforderungen Ihres beruflichen Umfelds in Einklang bringen.

Kapitel 3:
Karriereplanung

Die Entwicklung Ihrer Kompetenz ist die Voraussetzung dafür, dass Sie Karriere machen. Kompetenzen entwickeln sich aber nicht von alleine. Am Anfang steht hier die Analyse dessen, was Sie können und was Sie für Ihre geplante Karriere können müssen. So stellen Sie fest, welche Stärken Sie ausbauen und welche Kompetenzen Sie bezüglich Ihrer Schwachstellen entwickeln müssen. Dazu stehen Ihnen viele Möglichkeiten offen.

Kapitel 4:
Kompetenzen
entwickeln

Selbstmarketing und Networking helfen Ihnen, mit Ihrer Kompetenz im Unternehmen sichtbar zu werden. Ein Profil und eine Selbstdarstellung unterstützen Sie dabei, sich im Unternehmen sowie den Kunden und Gesprächspartnern aus Unternehmen und Verbänden gegenüber gut zu präsentieren. Profil und Selbstdarstellung sind die Visitenkarten, mit denen Sie sich im Laufe Ihrer beruflichen Entwicklung immer wieder präsentieren. Mit Selbstmarketing erreichen Sie, dass Ihre Leistungen bekannt und anerkannt werden. Und durch Networking bauen Sie sich ein Netzwerk von Beziehungen auf, das Ihnen hilft, Ihren Job besser zu machen. Zudem erhalten Sie aus dem Netzwerk Tipps, wenn Sie eine neue Stelle suchen.

Kapitel 5:
Selbstmarketing
& Networking

Mit einem neuen Arbeitsvertrag ist der erste Schritt zum Karrieresprung geschafft. Erfolgreich ist er jedoch erst dann, wenn Sie sich zu einem anerkannten und akzeptierten Mitarbeiter entwickeln. Der Abschied von der alten Stelle und der Start in die neue Position

Kapitel 6:
Stellenwechsel

ist für Sie eine Zeit der großen Veränderungen. Verabschieden Sie sich so aus Ihrer alten Stelle, dass Sie dadurch Ihr Beziehungsnetzwerk erweitern, und bereiten Sie sich gut auf die neuen Aufgaben vor.

Bewerbungs-Know-how
Erfolgreiche Menschen sind nicht nur in ihrem Job professionell, sondern auch darin, wie sie ihre Karriere planen. Professionalität sollten Sie vor allem dann zeigen, wenn Sie sich auf eine neue Stelle bewerben. Angefangen von der systematischen Stellensuche über die perfekte Gestaltung einer Bewerbungsmappe bis hin zum souverän geführten Bewerbungsgespräch müssen Sie wissen, wie Sie sich möglichst gut darstellen. Nur so werden Sie sich gegen Ihre Konkurrenten auf dem Arbeitsmarkt durchsetzen.

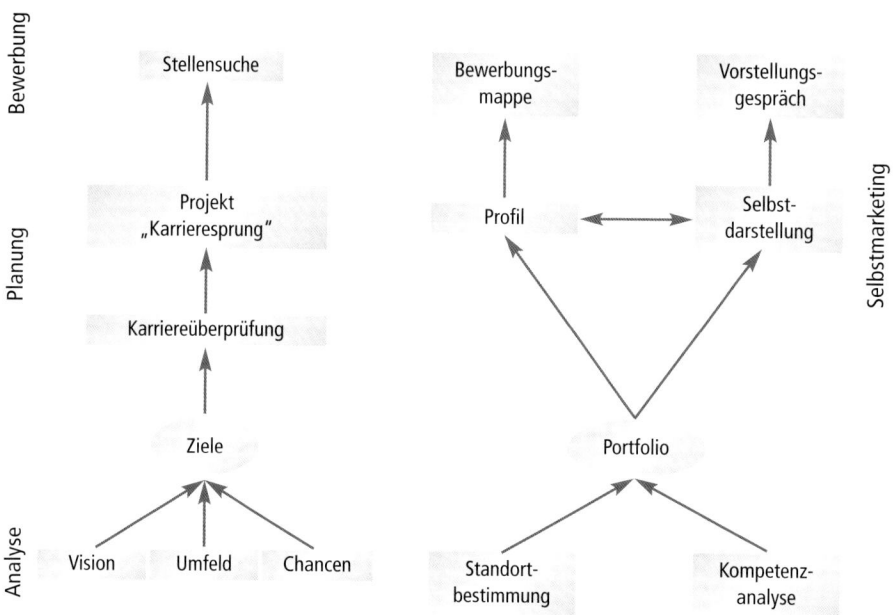

Abbildung 3: Eine systematische und kontinuierliche Dokumentation hilft, sich schnell und qualifiziert zu bewerben

Während Ihres beruflichen Lebensweges müssen Sie sich immer wieder Ihre Vision und Ziele vergegenwärtigen und Ihre Kompetenzen darstellen. Abbildung 3 zeigt, wie Sie kontinuierlich eine Informationsbasis schaffen, auf die Sie immer wieder zurückgreifen können. So können Sie sich schnell auf alle neuen Situationen in Ihrer Karriere vorbereiten.

Tipps für Ihren Erfolg

▓ Entwickeln Sie eine Karrierestrategie für eine langfristige berufliche Entwicklung. Gleichen Sie Ihre Wünsche und Vorstellungen dabei mit den Möglichkeiten ab.

▓ Überprüfen Sie regelmäßig, ob Sie noch auf dem richtigen Weg sind. Entscheiden Sie, ob ein Karrieresprung angesagt ist oder nicht.

▓ Sorgen Sie für ein erfolgreiches Selbstmarketing.

▓ Achten Sie bei Bewerbungen unbedingt auf Professionalität.

2. Karrieren für Fachexperten

Drei Antworten auf die Frage „Was bedeutet für Sie Karriere?“: „Wer Karriere machen will, muss doch irgendwann Vorgesetzter werden.“ „Was mein Chef kann, kann ich auch.“ „Führungskräfte haben viele Vorteile und besitzen vielfältige Privilegien. Ihre Position ist mit höherem Ansehen verbunden und somit erstrebenswert. Darum ist der Anreiz hoch, die persönliche Karriere in Richtung Führung auszurichten.“

Chance für Fachexperten

Die Folge dieser Einstellung ist, dass gute Experten Führungspositionen übernehmen und dann ihren Berufsweg als schlechte Führungskraft fortsetzen. Nur selten verfügt ein und dieselbe Person über fachliches Wissen und Führungswissen gleichzeitig. Hinzu kommt, dass für diese beiden unterschiedlichen Unternehmensfunktionen verschiedene Persönlichkeitsmerkmale erforderlich sind. Gerade dadurch, dass die fachlichen Aufgaben an Bedeutung gewinnen, haben Personen, die nicht gerade zu Führungspersönlichkeiten geboren sind, eine bessere Chance, mit ihren Fähigkeiten im Unternehmen voranzukommen.

Fachexperten werden gebraucht

Fachexperten sind für die Entwicklung und Produktion von Produkten verantwortlich oder sie erbringen Dienstleistungen für die Kunden des Unternehmens. Sie verkaufen und warten diese Produkte als Vertriebs- oder Servicemitarbeiter. Als Projektleiter sind sie in Projekten dafür verantwortlich, dass Aufgaben termin- und zeitgerecht durchgeführt werden. Nicht zuletzt unterstützen Fachexperten als Controller, Personalverantwortliche, Kommunikationsfachmann und Mitarbeiter in Strategieabteilungen das Management in der Unternehmensführung.

Innendienst: Know-how für Produktion und Verwaltung

„Das Wort eines Weisen gilt so viel, als wäre es mit Pinsel und Tusche geschrieben."

CHINESISCHES SPRICHWORT

Was wäre ein Unternehmen ohne die vielen Ingenieure, Wissenschaftler, IT-Spezialisten und Betriebswirte? In den Köpfen dieser Mitarbeiter entstehen Ideen für neue Produkte, Produktionspläne, Businesspläne, Organisationskonzepte und vieles mehr.

Fachexperten entwickeln, produzieren und testen. Sie schaffen die Voraussetzung dafür, dass Produkte produziert und verkauft werden können:

Aufgaben im Innendienst

Es gibt Produkte, wie zum Beispiel Autos, bei denen die Fachexperten das Auto entwickeln und dessen Produktion planen. Die eigentliche Produktion erfolgt dann in den Produktionswerkstätten. Des Weiteren gibt es die Softwareentwickler, die in der Regel Einzelanfertigungen erstellen. Dabei entsteht mit der Entwicklung des Produktes gleichzeitig auch das Produkt selbst.

Eine weitere Gruppe von Experten arbeitet in der Verwaltung. Sie sind meistens Betriebswirte und arbeiten in der Finanzabteilung, dem Controlling, der Personalabteilung und im Marketing.

Fachexperten im Innendienst sind für die Produkte des Unternehmens verantwortlich. Sie setzen ihre fachliche und methodische Kompetenz ein, um Produkte zu entwickeln und zu produzieren, die den Kundenbedürfnissen gerecht werden und die gesetzlichen Rahmenbedingungen erfüllen. Darüber hinaus unterstützen Fachexperten in der Verwaltung das Management mit Analysen und Konzepten für die Unternehmenssteuerung.

„Sie suchen ein innovatives erfolgreiches Unternehmen, um dort eine verantwortungsvolle Aufgabe zu übernehmen? Ihre Kompe-

Soft Skills werden immer wichtig

2. Karrieren für Fachexperten

tenz ist in den Hauptprozessen unserer Fertigung gefragt. Ausgeprägte analytische Fähigkeiten, selbstständige Arbeitsweise sowie fachliche und soziale Kompetenz runden Ihr Profil ab." Dieses Zitat aus einer Stellenanzeige beschreibt das neue Bild des Fachexperten. Er ist nicht mehr der anerkannte Einzelkämpfer, sondern ein Teamplayer mit einer ausgeprägten sozialen Kompetenz. Eine Untersuchung zeigte, dass in 78 Prozent der untersuchten Stellenanzeigen für IT-Spezialisten Soft Skills gefordert werden.

Die Aufgaben der Fachexperten haben sich gewandelt, und dieser Trend wird sich fortsetzen. Eine fundierte fachliche Ausbildung und Weiterentwicklung reichen nicht aus. Die „weichen" Persönlichkeitsmerkmale, die Soft Skills, gewinnen an Bedeutung.

Fachexperten haben vielfältige und interessante Aufgaben

Die Aufgaben der Fachexperten sind so vielfältig wie die Produkte, für die sie verantwortlich sind. Sie bewältigen immer wieder neue Fragen und Aufgaben, egal in welchen Bereichen sie tätig sind.

Forschung und Entwicklung
Die wichtigsten Einsatzbereiche für Ingenieure und Wissenschaftler sind Forschungs- und Entwicklungsabteilungen. Die Forschungsergebnisse werden im Bereich der Entwicklung für die Praxis modifiziert, um funktionsfähige, wirtschaftliche und marktgerechte Produkte zu entwickeln. Die Mitarbeiter in diesen Abteilungen bereiten Themen wissenschaftlich auf und machen die Forschungsergebnisse verwertbar.

Konstruktion
Ingenieure in der Konstruktion gestalten Produkte und Systeme. Sie analysieren Prozesse und entwickeln Lösungen und treffen wirtschaftliche Entscheidungen über einzusetzende Lösungen. Ingenieure in der Produktion sind für reibungslose Fertigungsabläufe zuständig. Technische Schwachstellen werden von ihnen analysiert und abgestellt, und der Einsatz von Arbeitsmitteln und Beschäftigten wird disponiert.

Fertigung und Instandhaltung
Forschung, Entwicklung und Konstruktion geben vor, wie produziert wird. Die Fachexperten überprüfen dann, ob die Vorprodukte mit den Fertigungsanlagen bearbeitet werden können, erstellen für jedes Produkt Arbeitspläne und legen die Fertigungsschritte fest. Sie

müssen hierzu nicht nur die fachlichen Aspekte der Fertigung im Blick haben, sondern auch Wirtschaftlichkeitsvergleiche für unterschiedliche Verfahren anstellen.

Ingenieure in der Instandhaltung planen, organisieren und verantworten die vorbeugende Instandhaltung und Reparatur von technischen Anlagen, Systemen und Gebäuden. Sie sind dafür verantwortlich, dass die Anlagen möglichst störungsfrei arbeiten.

Die jüngste Berufsgruppe ist die der Softwareentwickler. Sie kümmern sich vor allem um die Entwicklung von Standardprogrammen und anwendungsspezifischer Software. Sie analysieren Fachsysteme, erstellen Konzepte für die Programmierung und setzen diese um. Softwareentwickler müssen sich schnell in die Abläufe und Organisationsformen des Anwenders hineindenken können. Die Arbeitsfelder in der Softwareentwicklung sind vielfältig. Neue Programmiersprachen und -techniken, immer leistungsfähigere Rechner und eine ständig wachsende Zahl von Anwendungsmöglichkeiten prägen das Arbeitsfeld.

Software- entwicklung

Firmenzentralen sind das Herz des Unternehmens. Die Mitarbeiter in der Steuer- und Rechtsabteilung, im Finanzwesen und Controlling, im Marketing, in der Personalabteilung und der Unternehmensentwicklung verwalten das Unternehmen und helfen, es zu steuern. Sie erstellen Analysen, bereiten Unternehmensdaten auf und entwickeln Konzepte. Mitarbeiter in der Konzernzentrale arbeiten mit modernen Bürokommunikationssystemen, erarbeiten in Meetings zusammen mit Kollegen aus anderen Fachabteilungen Lösungen und präsentieren diese vor den Entscheidern im Management. Die Mitarbeiter in diesen Abteilungen sind Experten auf einem Fachgebiet. Sie können ihre Aufgabe aber nur dann erfüllen, wenn Sie intensiv mit Nachbarabteilungen zusammenarbeiten, kundenorientiert denken und in der Lage sind, ihre Ergebnisse dem Management angemessen darzustellen.

Querschnitts- aufgaben

Eine klassische Fachlaufbahn setzt eine Berufsausbildung oder ein Studium voraus. Nach der Berufsausbildung übernehmen die Mitarbeiter eng umgrenzte Fachaufgaben. Nach dem Studium steigen sie häufig als Trainees in eine Expertenlaufbahn ein. Bevor sie dann

Einstieg als Trainees

in einem Bereich eingesetzt werden, durchlaufen sie mehrere Abteilungen. Dabei werden sie durch ein Programm begleitet, mit dem sie in das Unternehmen und den Tätigkeitsbereich eingeführt werden.

Erste Karriere-stufen: Sachbearbeiter und Referent
Auf der ersten Karrierestufe ist in der Regel der Sachbearbeiter oder Assistent anzutreffen. Er bearbeitet ein Sachgebiet eigenständig und ist der Fachmann für sein Thema. Dann folgt der Referent. Er unterscheidet sich vom Sachbearbeiter dadurch, dass er für ein größeres Sachgebiet oder für mehrere Sachgebiete verantwortlich ist. Er ist für die fachliche Steuerung kleiner Fachteams verantwortlich. Je höher eine Fachexperte die Karriere hinaufsteigt, umso größer ist seine fachliche Verantwortung für ein Thema. Die Fachteams, die er steuert, werden größer. Im Unterschied zu einer Managementposition steht dabei immer die fachliche Themenverantwortung im Vordergrund.

Das muss ein Fachexperte können
Gute Fachexperten zeichnen sich dadurch aus, dass sie nicht nur entwickeln, produzieren und testen, sondern sie sind auch in der Lage, ihre Produkte beim Kunden zu verkaufen. Gute Fachexperten sind Persönlichkeiten, die über die technische Expertise hinaus mit hohen Anforderungen an ihre Arbeit zurechtkommen: mit Zeitdruck, anspruchsvollen Kunden, komplizierten Beziehungen zu internen und externen Geschäftspartnern und mit Kollegen mit unterschiedlichen Arbeitsstilen.

Fachwissen
Ingenieure, Softwareentwickler, Naturwissenschaftler und Betriebswirte müssen ihr Fachgebiet kennen und sich auf ein Teilgebiet spezialisiert haben. Nicht die Kenntnis der theoretischen Zusammenhänge zeichnet sie aus, sondern die Fähigkeit, diese auf praktische Fälle anzuwenden. Sie nutzen wissenschaftliche Erkenntnisse, um Produkte zu entwickeln und zu produzieren.

Wissenschaftliche Ausbildung wichtig
Der Fachexperte braucht eine fundierte, meist wissenschaftliche Ausbildung in seinem Fachgebiet. Ein Ingenieur nutzt seine naturwissenschaftliche Ausbildung dazu, um naturwissenschaftlich-mathematische Kenntnisse bei seiner Tätigkeit anzuwenden. Ein Softwareentwickler hat im Idealfall Informatik studiert und ist mit

den führenden Betriebssystemen vertraut und beherrscht mehrere Programmiersprachen. In den naturwissenschaftlichen Fachgebieten ist auch Erfindergeist gefordert. Denn Fachexperten müssen hier Lösungen in einen technischen, finanziellen und umweltverträglichen Zusammenhang bringen. Gerade in den ingenieurwissenschaftlich geprägten Tätigkeitsfeldern ist die Kenntnis wirtschaftlicher Grundlagen erforderlich, und zwar umso mehr, je höher die Karrierestufe angesiedelt ist.

Die methodische Kompetenz ist geprägt vom Fachgebiet. Ein Ingenieur im Maschinenbau wendet andere Methoden an als ein Softwareentwickler, und dieser wiederum andere als ein Biologe, und dieser wieder andere als ein Betriebswirt. Darüber hinaus müssen sie Arbeitstechniken beherrschen, um Fragestellungen zu analysieren, neue Ideen zu entwickeln und Lösungen zu planen. Sie müssen mit den firmeninternen Produktionsprozessen und dem Produktportfolio des Unternehmens vertraut sein, um ihre Teilaufgabe im Gesamtzusammenhang zu sehen.

Methodisches Können

Die weichen Faktoren sind in der beruflichen Praxis von höherer Bedeutung, als viele Fachexperten denken. Denn sie haben es nicht nur mit dem Produkt zu tun, sondern mit einem Produktionsprozess, an dem viele Menschen beteiligt sind. Sie beraten Kunden, Entscheider und Führungskräfte, die keine tiefere Kenntnis der Technik haben, sie arbeiten mit Kollegen im Team zusammen und kooperieren mit Partnern aus anderen Bereichen und vermarkten ihr Produkt. Und dazu benötigt man soziale Kompetenz.

Soft Skills

> ▧ Setzen Sie Ihr Expertenwissen ein, um Ergebnisse zu erzielen, die Ihr Unternehmen vermarkten kann: Entwickeln Sie Produkte, die den Kundenbedürfnissen gerecht werden, und versorgen Sie das Management mit Analysen und Konzepten für die Unternehmenssteuerung.
> ▧ Ihre Gesprächspartner haben nicht den gleichen wissenschaftlichen oder technischen Hintergrund wie Sie. Kommunizieren Sie mit ihnen so, dass sie Sie auch verstehen und das Gesagte nachvollziehen können.

Tipps für Ihren Erfolg

■ Neben guten fachlichen und methodischen Kenntnissen benötigen Sie auch immer Soft Skills. Diese helfen Ihnen, Ihr Expertenwissen wirkungsvoll zur Geltung zu bringen.

Berater und Trainer helfen anderen, besser zu werden

„Der Tor hält sein eigenes Urteil für richtig, der Weise aber hört auf Rat."

ALTES TESTAMENT

Berater und Trainer als Problemlöser
Was ist Beratung? Beratung hilft Unternehmen, Probleme zu lösen, die sie an ihrem Erfolg hindern. In dem Maße, wie Unternehmen vor neuen und unkalkulierbaren Risiken stehen, steigt auch ihr Bedürfnis nach Unterstützung und Wissenszufuhr von außen. Berater helfen ihren Kunden mit Erfahrungs-, Fakten- und Methodenwissen, Probleme zu lösen.

Weiterbildungen und Schulungen
Was ist Training? Trainer helfen ihren Kunden, Wissen zu erwerben und Fähigkeiten zu entwickeln, die sie für ihren Job brauchen. Training ist der moderne Ausdruck für die klassische berufliche Weiterbildung oder Schulung. Diese bestand traditionell darin, meist mit Frontalunterricht den Teilnehmern Wissen zu vermitteln und Dinge einzuüben. Die Formen der Wissensvermittlung sind vielfältiger geworden. Gruppenarbeiten, Fallstudien und Simulationen sind interaktive Formen der Wissensvermittlung, die heute viele Trainings auszeichnen.

Berater und Trainer sind Dienstleister. Sie beraten Kunden bei Problemen und helfen ihnen, Lösungen zu finden. Trainer vermitteln ihren Teilnehmern Fach- und Methodenwissen sowie Soft Skills.

Beratung und Training ist für den Kunden auch immer eine Hilfe zur Selbsthilfe. Deshalb müssen Berater und Trainer ihre Leistungen immer weiterentwickeln, damit sie ihren Kunden immer wieder etwas Neues anzubieten haben.

Hilfe zur Selbsthilfe als Geschäft

Berater und Trainer leben davon, dass in Unternehmen immer wieder Aufgaben zu erledigen sind, für die es dort keine Kompetenz gibt. Sie helfen damit ihren Kunden, etwas zu tun, was ohne Beratung und Training nicht oder nur mit sehr großem Aufwand möglich wäre.

Berater und Trainer verkaufen kein Produkt, sondern helfen ihren Kunden bei den unterschiedlichsten Aufgaben und Problemen. Ihr Produkt ist ihr Wissen und die Fähigkeit, anderen dieses Wissen zu vermitteln. Gemeinsam ist ihnen, dass sie ihr Wissen verkaufen. Sie unterscheiden sich jedoch darin, wie sie dies tun:

- Der Berater erstellt Gutachten und Konzepte oder hilft dem Kunden, Tätigkeiten auszuführen, für die er kein Know-how hat.
- Der Trainer schult Führungskräfte und Mitarbeiter in neuen Themen oder trainiert sie in Methoden und Soft Skills.

Das Arbeitsgebiet von Trainern erstreckt sich von Fachtrainings über Kommunikationstrainings bis hin zu Trainings zur Entwicklung der Persönlichkeit. Ebenso vielfältig sind die Trainingsformen: klassische Seminare, Soft-Skill-Trainings mit Gruppenarbeiten und Rollenspielen, Gruppentrainings und Simulationen.

Trainer vermitteln ihr Wissen häufig in Standardtrainings, die immer wieder in der gleichen Form abgehalten werden, aber auch in Einzelmaßnahmen, die speziell auf eine Zielgruppe zugeschnitten sind. In diesem Tätigkeitsfeld gibt es eine ganze Palette von Möglichkeiten: vom angestellten Trainer bei einem großen Trainingsinstitut bis zum Einzelunternehmer.

Trainer und Berater sind oft als Einzelunternehmer oder mit gleichberechtigten Partnern in kleinen Unternehmen tätig. Ein großes Risiko für Trainer besteht darin, dass das Fachwissen, das sie trainieren, rasch veraltet, und sie so den Anschluss an die Entwicklung

Hilfe zur Selbsthilfe

Aufgaben und Funktionen

Wissen verkaufen

Arbeitsgebiete von Trainern

Risiken der Trainerlaufbahn

verlieren. Ihr Bezug zur betrieblichen Praxis droht dann mit den Jahren verloren zu gehen. Sich auf dem Laufenden zu halten, ist schwer, aber notwendig.

Zweites Stand-   Eine Trainerlaufbahn bildet oft nur ein zweites Standbein in einer
bein als Trainer   Expertenkarriere. Eine gute Mischung ergibt sich, wenn der Trainer einerseits Fachaufgaben erledigt, aber zugleich dieses Wissen an andere Mitarbeiter vermittelt.

Typische Beraterkarriere

Das Grundprinzip einer Beraterkarriere wird durch das Schlagwort „grow or go" am treffendsten beschrieben. Übersetzt heißt dies „wachse schnell in der Karriere oder suche dir etwas anderes." Wenn Sie Consultant sind oder sich für diesen Karriereweg entscheiden, dann sind Sie nur erfolgreich, wenn Sie Ihre Kompetenz sehr schnell aufbauen und in relativ kurzen Zeitabständen von einer Karrierestufe zur nächsten aufsteigen. Consultants müssen immer die Ersten sein, welche ein neue Thema beherrschen. Oder sie müssen ein Thema sogar selbst entwickeln. Denn Ihre Kunden beauftragen Sie, weil Sie das schon können, was diese erst noch lernen müssen.

Berater können Sie auf zwei verschiedenen Wegen werden:
- Wenn Sie über das Talent verfügen, andere Menschen bei der Aneignung von Wissen und Fähigkeiten zu unterstützen, machen Sie eine horizontale Karriere. In diesem Fall eignen Sie sich eine zusätzliche Fähigkeit als Berater und Trainer an und helfen mit Ihrer Fachexpertise anderen Menschen, Probleme zu lösen oder ihr Wissen in einem neuen Themengebiet zu erweitern. Sie wechseln von der Fachabteilung in die Beratungs- oder Trainingsabteilung Ihres Unternehmens.
- Der zweite Zugang ist ein vertikaler und wird von den meisten großen Beratungsunternehmen praktiziert: Hier starten Consultants ihre Karriere gleich nach dem Studium. Bevorzugt werden Bewerber mit hervorragendem Studienabschluss eingestellt. Die Bewerber sollten ihre ersten Berufserfahrungen in Praktika im In- und Ausland gesammelt haben.

Es gibt dann folgende Karrierestufen:
- Die erste Karrierestufe ist zum Beispiel der Analyst. Hier erhält der angehende Berater die Grundlagenqualifizierung und wird vorwiegend bei der Analyse von Daten, der Ideenfindung und der Mitarbeit bei Konzepten ein-

gesetzt. Erste Erfahrungen mit Kunden sammelt er als Interviewer zur Datenerhebung.

▨ Auf der Karrierestufe des Analysten erwirbt der Consultant einerseits das Know-how seines Fachthemas, andererseits aber auch die Basiskompetenz, um Beratungsaufträge durchzuführen. Die ersten eigenständigen Beratungsaufträge übernimmt er dann als Associate oder Junior Consultant. Hier baut er sein Fachwissen aus, erwirbt aber vor allem die Fähigkeit, Beratungsprozesse beim Kunden zu gestalten.

▨ Die nächste Karrierestufe ist der Senior Associate oder Senior Consultant. Er übernimmt die inhaltliche Verantwortung für größere Aufträge und führt Beratungsteams. Der Senior ist mehr und mehr auch für die Akquise von neuen Aufträgen verantwortlich. Denn hierauf beruht das Geschäftsmodell des Consulting. Je höher die Karrierestufe eines Beraters ist, desto mehr ist er auch für die Auftragsakquisition verantwortlich.

▨ Der Principal leitet große Beratungsprojekte und wird dann eingesetzt, wenn die Beratung auf einer hohen Hierarchieebene beim Kunden erfolgt. Vor allem ist er für die Akquise neuer Beratungsaufträge und die Entwicklung bzw. Weiterentwicklung von Beratungsthemen verantwortlich.

▨ Die letzte Stufe ist der Director oder Partner. Er berät Vorstände großer Unternehmen. Ein Director oder Partner ist für die Entwicklung von neuen Geschäften verantwortlich und arbeitet auf nationaler und internationaler Ebene in Interessensverbänden mit.

Abbildung 4 fasst den Karriereweg zusammen:

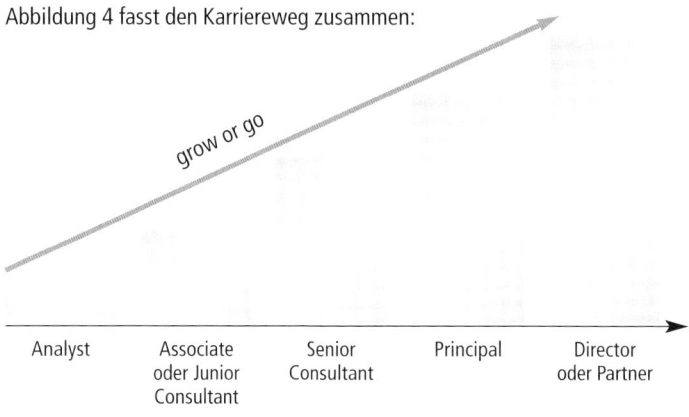

Abbildung 4: Die Karriere eines Consultants ist eine steil nach oben gehende Stufenleiter

Tipps für Ihren Erfolg

- Schlagen Sie eine Berater- oder Trainer-Karriere nur dann ein, wenn Sie die Fähigkeit haben, andere beraten und Ihr Wissen anderen vermitteln zu können.
- Achten Sie als Berater und Trainer darauf, dass Ihr Wissen immer aktuell und praxisnah bleibt.

Das muss ein Berater oder Trainer können

Als Berater oder Trainer in der Aus- und Weiterbildung müssen Sie Ihre Fachkenntnisse auf dem Laufenden halten. Ihr Wissen muss immer auf dem aktuellen Stand sein, und Sie müssen sich auch in Randgebieten auskennen.

Vielfältige Fähigkeiten

Ein guter Berater oder Trainer zeichnet sich dadurch aus, dass er selbst komplexe und komplizierte Inhalte in einfache und verständliche Teilaspekte zerlegen kann. Das Arbeitsumfeld des Beraters besteht aus unterschiedlichen Arbeitssituationen beim Kunden: in Gesprächen, Workshops und Präsentationen erarbeitet er mit dem Kunden Lösungen. Der Trainer arbeitet mit Lehrgangsteilnehmern in großen, aber auch kleinen Gruppen. Je abwechslungsreicher er seinen Stoff darbieten kann, umso besser können die Teilnehmer lernen und desto besser wird auch das Teilnehmerfeedback sein.

Großes Spektrum an Fachwissen

Das mögliche Spektrum des Fachwissens eines Beraters ist so vielfältig wie das Beratungsangebot der Beratungsfirmen. Es reicht von der Beratung von Fachabteilungen in betriebswirtschaftlichen und technologischen Fragen über die Gestaltung von Prozessen und Organisationen bis hin zur Beratung von Vorständen bei der Strategieentwicklung und der Erarbeitung neuer Geschäftsmodelle.

Die fachliche Kompetenz des Trainers wird durch das Trainingsgebiet bestimmt. Die Palette der Themen erstreckt sich vom Grundlagenwissen in der Betriebswirtschaft über die Schulung von Softwareanwendungen bis hin zur Vermittlung von komplizierten Softwarearchitekturen.

Das wichtigste methodische Können für einen Consultant besteht darin, einen Beratungsprozess zu gestalten. Jedes Beratungsunternehmen hat hier eine eigene Vorgehensweise, die zum Basismethodenwissen aller Berater des Unternehmens gehört. Arbeits-, Problemlösungs- und Kreativitätstechniken gehören ebenfalls zum Werkzeugkoffer eines Beraters. Er braucht sie, um die Probleme beim Kunden systematisch analysieren und um möglichst innovative und kostengünstige Lösungen für den Kunden oder mit dem Kunden erarbeiten zu können. Hinzu kommen Methoden aus dem jeweiligen Beratungsfachgebiet.

Methoden-kompetenz

Ein Trainer kennt die modernen Unterrichts- und Trainingsmethoden. Moderations- und Präsentationstechniken gehören zu seinem täglichen Handwerk. Er kann auch Lernsoftware und E-Learning-Programme einsetzen. Zudem ist er in der Lage, Seminar- und Trainingsunterlagen zu erstellen sowie Übungen und Trainingsleitfäden zu entwickeln.

Didaktische Kompetenzen

Berater und Trainer arbeiten mit Menschen. Ohne ausgeprägte Soft Skills ist weder der Berater noch der Trainer erfolgreich. Er braucht sie, damit er das Vertrauen des Kunden gewinnen und ihn von seinen Lösungen überzeugen kann. Soft Skills braucht der Berater, um Gespräche zu führen, Workshops zu leiten und Ergebnisse zu präsentieren. Der Trainer arbeitet in Gruppen und muss sich auf unterschiedliche Situationen und Kursteilnehmer einstellen. Berater und Trainer müssen ihr Verhalten reflektieren können, damit sie ihre Wirkung auf andere Menschen einzuschätzen lernen.

Soft Skills

- Investieren Sie viel Energie in Ihre Entwicklung, damit Sie immer auf dem neuesten Stand Ihres Fachgebietes sind. Entwickeln Sie Themengebiete aus eigener Initiative weiter.
- Eignen Sie sich gute Kenntnisse bezüglich der Beratungs- und Trainingsmethoden an.
- Als Berater und Trainer brauchen Sie ausgeprägte Soft Skills. Nur so können Sie Ihr Fach- und Methodenwissen an Kunden und Teilnehmer vermitteln.

Vertrieb und Service kümmern sich um die Kunden

„Teilnehmen ist zu wenig – man muss der Beste sein!
Selbst Zweitplatzierte gehen im Vertrieb leer aus"

HARALD ACKERSCHOTT,
UNTERNEHMENSBERATER UND SACHBUCHAUTOR

Heißer Draht zum Kunden Der Vertriebsfachmann ist das Bindeglied zwischen dem Kunden und den Produkten und Dienstleistungen des Unternehmens. Erfolgreich sind Sie als Vertriebsspezialist, wenn Sie einerseits maßgeschneiderte Kundenlösungen verkaufen, andererseits dabei aber immer auch die Machbarkeit in den Produktions- und Dienstleistungsbereichen im Blick behalten. Der Vertrieb umfasst alle Phasen des Verkaufsprozesses von der Anbahnung des Geschäftes und der Präsentation des Produktes über die Beratung und Verhandlung bis hin zum Vertragsabschluss und der Lieferung und Fakturierung.

Vertriebsformen Beim Vertrieb stehen die persönlichen Vertriebsformen im Vordergrund. Dabei besuchen die Vertriebsmitarbeiter die Kunden und Interessenten und führen mit ihnen persönliche Gespräche. Hierzu gehören Haustür- und Ladenverkauf, Verkauf auf Messen und Marktplätzen und der individuelle Verkauf beim Kunden. Je nach Produkt oder Dienstleistung steht mal die eine, mal die andere Verkaufsform im Vordergrund.

Marketing: das Ohr am Markt Zum Vertrieb zählt das Marketing. Vertrieb und Marketing verfolgen das gleiche Ziel, jedoch mit unterschiedlichen Mitteln: Der Vertrieb hat das Ohr beim einzelnen Kunden, das Marketing hat das Ohr am Markt. Dabei konzentriert sich der Vertrieb auf die Bedürfnisse des einzelnen Kunden und das Marketing auf die Bedürfnisse des Marktes. Den Vertrieb kann man als das kundenindividuelle Sprachrohr am Markt verstehen, das Marketing als ein allgemeines Sprachrohr des Unternehmens für den Markt.

Service Zu den Vertriebsbereichen zählt auch der Service. Er hat einerseits die Aufgabe, den Kunden bei der Anwendung der Produkte zu beraten und Fehler und Probleme zu beheben, andererseits ist jeder Besuch eines Servicemitarbeiters auch immer wieder die

Chance, um für weitere Produkte zu werben. Dieses sogenannte Cross-Selling erweitert die Vertriebsmöglichkeiten.

Im Service hat es der Mitarbeiter in vielen Fällen mit einem unzufriedenen und aufgeregten Kunden zu tun. Wer seine Karriere im Servicemanagement machen will, benötigt daher ein besonderes Maß an Einfühlungsvermögen, stoischer Ruhe und innerer Ausgeglichenheit, um nicht bei jedem Wutausbruch eines Kunden gereizt zu reagieren.

Mit schwierigen Kunden umgehen

Mitarbeiter im Vertrieb und Service sind die Brücke zwischen Kunden und Unternehmen. Sie vertreiben Produkte, sind für das Marketing zuständig und sorgen für den Service.

Als Mitarbeiter in Vertrieb und Service verbringen Sie den größten Teil Ihrer Arbeitszeit im Kontakt mit den Kunden des Unternehmens. Ihre Aufgabe besteht darin, das Unternehmen zu repräsentieren und mit allem, was Sie tun, dazu beizutragen, dass die Kunden von den Produkten des Unternehmens begeistert sind und sie dann auch kaufen. Bei Ihrer Arbeit kommt es weniger darauf an, dass Sie mit Ihrer Fachmeinung recht haben, sondern dass der Kunde zufrieden ist.

Experten im Umgang mit Kunden

Es wird immer mehr und besser produziert. Durch kontinuierliche Verbesserungsprozesse haben die Unternehmen erreicht, dass die Produktion sehr effizient erfolgt. Diese eigentlich erfreuliche Tatsache hat zur Folge, dass fast auf allen Märkten Überkapazitäten vorhanden sind. Wie gut ein Unternehmen seine Kapazitäten ausnutzen kann, hängt entscheidend vom Vertrieb ab. Denn je besser es diesem gelingt, die Waren zu verkaufen, umso besser werden die Kapazitäten der Produktion genutzt.

Ständiger Erfolgsdruck

Für den Vertriebsmitarbeiter bedeutet dies, dass er eine wichtige Funktion im Unternehmen hat. Wenn sich Produkte und Dienstleistungen nicht mehr von alleine verkaufen, dann ist es der Mitarbeiter im Vertrieb, der das Unternehmen erfolgreich machen kann.

Aufgaben und Funktionen der Vertriebsmitarbeiter

Unternehmen, die dem Kunden ein Produkt oder eine Dienstleistung verkaufen, mit der dieser einen großen Nutzen erzielt, lassen sich besonders gut verkaufen. Das Schlagwort dafür lautet: „value to the customer". Nicht das Produkt mit seinen rational erklärbaren Leistungsmerkmalen schafft den Wert für den Kunden, sondern derjenige Wert, den diese Leistungsmerkmale für ihn haben.

Kundennutzen darstellen

Ein guter Vertriebsmitarbeiter kennt seinen Kunden und kombiniert dieses Wissen mit seiner Kenntnis über die Produktpalette des eigenen Unternehmens. Er denkt für den Kunden mit, um den Nutzen zu entdecken, welchen die Produkte seines Unternehmens für den Kunden haben.

Emotionen erzeugen

Das Eingehen auf die Emotionen des Kunden ist der Schlüssel zum erfolgreichen Verkaufen. Gute Vertriebsmitarbeiter können gute Beziehungen zu den Menschen aufbauen und so Bedürfnisse in ihnen wecken. Sie erfragen in einem konstruktiven Gespräch die Bedürfnisse des Kunden, erkennen so aktuelle Bedürfnisse und entdecken zugleich neue Bedürfnisse oder einen Zusatznutzen für den Kunden. Der Verkäufer muss die Fähigkeit besitzen, sich in den Kunden hineinzuversetzen und dessen Probleme zu verstehen. Dann weiß er, welche emotionalen Botschaften er vermitteln muss, um gezielt Bedürfnisse zu wecken.

Funktionen im Vertrieb

Der Vertriebsmitarbeiter hat folgende Funktionen:
- *Problemlöser für den Kunden:* Der Vertriebsmitarbeiter versteht das Geschäft des Kunden und dessen Probleme. Daraus entwickelt er für den Kunden Lösungen, bei denen die Produkte und Dienstleistungen seines Unternehmens eine entscheidende Rolle einnehmen.
- *Partner für den Kunden:* Lieferant und Kunde müssen bei der Lösung gemeinsam gewinnen. Nur dann werden langfristige Kundenbeziehungen aufgebaut, in deren Verlauf weitere Geschäfte gemacht werden können.
- *Koordinator:* Er organisiert auf allen Ebenen seiner Organisation die Kundenbetreuung.
- *Verantwortlicher für die Kundenbindung:* Der Vertriebsmitarbeiter betreut einen Kunden oder einen Vertriebsbereich und ist dafür verantwortlich, dass der Kunde dem Unternehmen treu bleibt.

▓ *Informationslieferant:* Die Vertriebsmitarbeiter sind auch die besten Informationslieferanten für das Unternehmen. Sie bewegen sich am Markt und bekommen viele Informationen von Kunden, auch von solchen, bei denen sie nicht erfolgreich waren. Diese Informationen sind für die Entwicklung von Strategien oder die Ausrichtung des Portfolios des Unternehmens wichtig.

Berufsfelder in Vertrieb und Service

Der Vertriebsmitarbeiter befindet sich wie kein anderer Mitarbeiter im Unternehmen am Puls des Marktes und kann so Trends erkennen. Die typischen Vertriebstätigkeiten mit direktem Kundenkontakt betreffen den Vertriebsrepräsentanten, den Key-Account-Manager und den Vertriebsberater. Mitarbeiter in der Vertriebsabwicklung und im Vertriebsinnendienst sorgen im Unternehmen dafür, dass der Vertrieb beim Kunden optimal arbeiten kann. Der Service ist eine eigene Tätigkeitsgruppe, bei der nicht das Verkaufen, sondern die Betreuung der Kunden bei Fragen und Problemen im Mittelpunkt steht.

Vertriebsrepräsentant

Der Vertriebsrepräsentant ist ein Außendienstmitarbeiter. Er betreut die Kunden vor Ort und ist aus Unternehmenssicht oft der entscheidende Erfolgsfaktor. Er hat damit eine herausragende Stellung und deshalb gegenüber anderen Mitarbeitern im Unternehmen viele Privilegien. Dazu gehören Dienstwagen, Spesenbudget und flexible Arbeitszeiten.

Key-Account-Manager

Für besondere und wichtige Kunden sind sogenannte Key-Account-Manager zuständig. Der Key-Account-Manager sucht zusammen mit seinem Kunden nach Chancen in dessen Märkten und hilft ihm, ein entsprechendes Konzept zu erstellen. Dies ist kein Selbstzweck, sondern dient dazu, die Produkte des eigenen Unternehmens zu vermarkten. Ein Key-Account-Manager betreut oft nur einen Kunden. Er muss sich mit diesem Kunden identifizieren, in dessen Welt leben und seine Sprache sprechen.

Vertriebsberater

Technische Güter wie Anlagen im Maschinenbau, Kraftwerke oder Individualsoftware können nicht so verkauft werden wie ein Auto oder eine Bankdienstleistung. Die Komplexität der Produkte erfordert ein technisches Wissen, das Vertriebsmitarbeiter in der Regel nicht besitzen und sich auch nicht aneignen können. Sogenannte Vertriebsberater, Vertriebsingenieure oder Pre-Sales-Consultants unterstützen hier den Vertrieb. Sie haben ein hohes technisches Wissen über das Produkt und stehen dem Kunden bei allen technischen Fragen zur Verfügung.

Mitarbeiter in der Vertriebsabwicklung

Der Key-Account-Manager erschließt die Vertriebschance, dann müssen Lösungen entwickelt und kalkuliert, ein Angebot erstellt und der Auftrag beim Kunden gewonnen werden. Der Mitarbeiter in der Vertriebsabwicklung schließlich plant die erforderlichen Arbeitsschritte und überwacht, dass diese von den Abteilungen auch fristgerecht eingehalten werden.

Vertriebsinnendienst

Ein Innendienstmitarbeiter arbeitet oft im Tandem mit einem Außendienstmitarbeiter zusammen. Der Außendienstmitarbeiter ist vor Ort, sein Kollege im Innendienst koordiniert die Kontakte im Unternehmen. Der Vertriebsinnendienst ist die Schaltzentrale, an die sich Kunden wenden, wenn sie den Außendienstmitarbeiter nicht erreichen können. Der klassische Innendienst bietet Außendienstmitarbeitern und Key-Account-Managern in allen Fragen der internen Abwicklung eine umfassende Unterstützung.

Servicemitarbeiter

Wie der Vertriebsfachmann ist der Servicemitarbeiter ein Bindeglied zwischen Unternehmen und Kunden. Anders als im Vertrieb kommt der Service immer dann zum Zug, wenn der Kunde aufgeregt, verärgert und ungehalten ist. Eine Tugend des Servicemitarbeiters ist es, ruhig zu bleiben und die Beschwerden des Kunden konstruktiv aufzugreifen und eine für den Kunden zufriedenstellende Lösung zu finden. Viele Reklamationen oder Fehler sind wiederum Impulse für Verbesserungen an den Produkten und Prozessen. Über die reine Serviceleistung hinaus muss der Mitarbeiter im Service diese Informationen im Unternehmen in die richtigen Bahnen lenken.

Gehälter im Vertrieb

Das Gehalt im Vertrieb richtet sich nach dem Erfolg. Dieser ist leicht messbar. Denn es ist der Umsatz, den ein Vertriebsmitarbeiter erzielt hat. Vertriebsabteilungen stehen unter hohem Erfolgsdruck. Solange die Geschäfte gut laufen, verdient der Vertriebsmitarbeiter viel Geld und bekommt viel Anerkennung durch die Geschäftsleitung.

Wenn die Geschäfte hingegen einmal nicht so gut laufen, müssen sie das notwendige Durchhaltevermögen aufbringen und ihre Selbstzweifel überwinden können.

Anzeichen dafür, dass Sie im Vertrieb Karriere machen, ist die Steigerung der Umsatzverantwortung. Beim Vertriebsrepräsentanten ist es die Größe des Vertriebsbereiches oder der Produktpalette, beim Account-Manager die Bedeutung und Größe seines Kunden und beim Servicemitarbeiter der Auftragsumfang für den Service. Die einzelnen Berufsbezeichnungen sind von Unternehmen zu Unternehmen verschieden. Üblich ist im Vertrieb auch eine Karriere zwischen den Funktionen. So kann ein Mitarbeiter als Vertriebsrepräsentant für ein Gebiet beginnen und dann einen großen Kunden als Key-Account-Manager übernehmen.

Karriereindikatoren

- Vertrieb und Service sind das Verbindungsglied zwischen Kunden und Unternehmen. Bei einer Karriere im Vertrieb müssen Sie das Spannungsfeld zwischen den Kundenwünschen und den Möglichkeiten des Unternehmens ausbalancieren.
- Entscheiden Sie sich für eine Karriere in Vertrieb und Service nur dann, wenn Sie Spaß daran haben, mit immer wieder neuen Menschen zusammenzuarbeiten.
- Machen Sie in Vertrieb und Service Karriere, steigt Ihre Umsatzverantwortung.

Tipps für Ihren Erfolg

Das müssen Vertriebs- und Servicemitarbeiter können
Der Verkäufer kennt seine Branche und seine Kunden aus dem Effeff. Er weiß, wie neue Kunden gewonnen werden, und unterhält dauerhafte Beziehungen zu den Stammkunden. Er versteht es, neue Produkte und Dienstleistungen beim Kunden zu platzieren.

Im Vertrieb kann nur derjenige vorwärtskommen, der erfolgsabhängig arbeiten kann und eine große Frustrationstoleranz besitzt. Der Vertriebsmitarbeiter muss sich selbst wieder aufbauen und motivieren können, wenn ein Kunde ein lang und intensiv aufbereitetes Angebot ablehnt und einen Mitbewerber vorzieht.

Verkäufer: hohe Frustrationstoleranz

Service: sensibel mit Kunden umgehen

Der Servicemitarbeiter kennt vor allem die Produkte des Unternehmens, für die er zuständig ist, aus dem Effeff. Er muss dem Kunden schnell und zuverlässig helfen können. Seine Arbeitssituation ist zunächst einmal durch einen unzufriedenen Kunden geprägt. Immer dann, wenn der Servicemitarbeiter gerufen wird, hat der Kunde in der Regel eine schlechte Erfahrung mit dem Produkt gemacht. Der Service ist eine Leistung, die schnell und zuverlässig erbracht werden muss.

Fachliche Kompetenz im Vertrieb

Der Verkäufer muss so viel über das Produkt, die Dienstleistung und die Branche wissen, dass er als gleichberechtigter Gesprächspartner vom Kunden akzeptiert wird. Ein Verkäufer von Software sollte so viele Softwarekenntnisse besitzen, dass die IT-Spezialisten des Kunden ihn als Fachmann anerkennen. Ihn zeichnet aus, dass er das Thema in all seinen Facetten beherrscht. Er muss dabei nicht in die Tiefe gehen, aber zu jedem Thema einen qualifizierten Kommentar abgeben können. Er kennt die Vertriebsprozesse des Unternehmens und die dort eingesetzten Vertriebswerkzeuge genau. Zur Fachkompetenz gehört auch ein fundiertes Wissen im betriebswirtschaftlichen sowie im rechtlichen Bereich.

Fachliche Kompetenz im Service

Der Servicemitarbeiter besitzt eine detaillierte Kenntnis der Produkte des Unternehmens. Er weiß, wie diese funktionieren. Darüber hinaus muss er wissen, wie Kunden die Produkte anwenden und welche Fragen und Probleme daraus entstehen. Er muss Kunden im Umgang mit dem Produkt beraten, aber auch Störungen und Fehler beseitigen können.

Methodische Kompetenz im Vertrieb

Der Verkäufer beherrscht Techniken, um Produkte erfolgreich an den Mann oder die Frau zu bringen. Er muss Methoden anwenden, um Probleme beim Kunden zu erkennen, und fähig sein, dafür kreative Lösungen zu erarbeiten. Der Vertriebsmitarbeiter erstellt Vertriebspräsentationen, kann Messestände aufbauen, Preiskalkulationen und Angebote erstellen. Er weiß, wie Kundengespräche dokumentiert und ausgewertet werden. Neben Arbeits- und Kreativitätstechniken muss er die firmenspezifischen Arbeitsverfahren des Vertriebs beherrschen.

46

Der Servicemitarbeiter muss Probleme und Fehler schnell erkennen und bei der Eingrenzung von Problemen systematisch vorgehen. Er braucht Beratungskompetenz, um den Kunden im Umgang mit dem Produkt zu unterstützen.

Methodische Kompetenz im Service

Bei einem Vertriebsmitarbeiter muss die Fähigkeit, Beziehungen aufzubauen und zu pflegen, stark ausgeprägt sein. Er ist der Repräsentant des Unternehmens, das er durch sein persönliches Auftreten vertritt. Die folgenden Soft Skills sind besonders wichtig: In seiner inneren Einstellung und Haltung zeichnet er sich durch eine hohe Kundenorientierung aus. Er hat die soziale Kompetenz, mit Menschen zusammenzuarbeiten und sich in deren Welt hineinzuversetzen. Der Vertriebsmitarbeiter besitzt hohes Selbstvertrauen und die Fähigkeit, sich zu motivieren. Hinzu kommen Selbstmanagementkompetenz und Engagement für die eigene Weiterentwicklung.

Soft Skills im Vertrieb

Wie der Vertriebsmitarbeiter muss der Servicemitarbeiter über eine hohe Kundenorientierung verfügen. Er vertritt das Unternehmen vor allem dann, wenn der Kunde aufgeregt und verärgert ist. Er versteht die Situation des Kunden – aber er versteht es auch, dem Kunden ein positives Bild des Unternehmens zu vermitteln. Er nimmt seine Kunden ernst, vertraut sich selbst und hat Selbstmanagementkompetenz.

Soft Skills im Service

- In Vertrieb und Service müssen Sie die Produkte des Unternehmens gut kennen, aber auch die Probleme und Fragestellungen des Kunden nachvollziehen und lösen können.
- Im Vertrieb müssen Sie die Vertriebsmethoden und -techniken kennen, im Service Probleme systematisch analysieren, eingrenzen und beheben können.
- Prägen Sie Ihre Soft Skills aus. Denn in Vertrieb und Service entscheidet der Umgang mit Menschen über den Erfolg der Arbeit.

Tipps für Ihren Erfolg

47

Projektleiter: ein Manager der besonderen Art

„Erfolgsregel: Ich jage nie zwei Hasen auf einmal."

OTTO GRAF VON BISMARCK (1815–1898),
ERSTER DEUTSCHER REICHSKANZLER

„Für Unternehmen sind Projekte zu einem ernstzunehmenden Erfolgsfaktor geworden, und das Projektmanagement wurde zu einer Schlüsselkompetenz, die für die Wettbewerbsfähigkeit und das langfristige Bestehen am Markt immer wichtiger wurde." Das stellen Heinrich Keßler und Claus Hönle in ihrem Buch „Karriere im Projektmanagement" fest.

**Projekt-
management:
Definition**

Mit Projektmanagement werden Aufgaben gelöst, die in dieser Form nur einmal vorkommen und einen definierten Anfang und ein definiertes Ende haben. Projektmanagement ist eine eigene Organisationsform, die sich quasi jedes Mal selbst neu erfindet und Unternehmen in die Lage versetzt, schnell und flexibler zu reagieren.

**Projektleiter
werden
gebraucht**

Moderne Unternehmen können ohne qualifizierte Projektleiter nicht erfolgreich sein. Gute Projektleiter sind in der Regel Mangelware. Vor allem in großen Unternehmen kann man daher als Projektleiter Karriere machen. Dabei gilt:

- Kleine Projekte müssen zumeist am Anfang der Karriere bewältigt werden.
- Am Ende der Karriere können für erfolgreiche Projektleiter Großprojekte wie der Bau einer IC-Strecke oder die Einführung eines elektronischen Mautsystems stehen.

> Projektleiter besitzen drei Fähigkeiten: Sie müssen den **Arbeitsauftrag** des Projektes in **sinnvolle Tätigkeiten strukturieren**, eine für das Projekt **passende Organisation** schaffen und mit allen **Beteiligten** immer wieder die **verschiedenen Interessen**, die an das Projekt herangetragen werden, aushandeln.

Experten für immer wieder neue Aufgaben

„Das Spannende an der Arbeit eines Projektleiters ist, dass ich immer wieder mit neuen herausfordernden Aufgaben konfrontiert werde." So schildern viele erfolgreiche Projektleiter ihre Motivation für ihren Job. Projektleiter sind Menschen, die Routine langweilt und für die daher neue und bisher nicht bearbeitete Aufgaben interessant sind. Kein Projekt darf dann dem anderen gleichen. Ein guter Projektleiter liebt es, wenn er mit jedem Projekt Neuland betritt, das er zunächst einmal strukturieren und gestalten muss.

Von einem Projektleiter wird erwartet, dass er vor allem drei Aufgabenfelder beherrscht:

Aufgaben im Projektmanagement

- *Er strukturiert die im Projekt zu erledigenden Arbeiten:* Der Projektleiter strukturiert die Arbeit im Projekt, indem er die im Projektauftrag beschriebene Aufgabe in Teilaufgaben gliedert und plant, wie diese bearbeitet werden. Er wählt Methoden aus, mit denen die Aufgaben im Projekt erledigt werden können, und erkennt, welche Kompetenzen für die Aufgabenerledigung erforderlich sind.
- *Er managt den Projektfortschritt:* Während der Projektdurchführung kontrolliert er den Projektfortschritt. Dazu gehört, dass er die Zeit- und Ressourcenvorgaben einhält, Berichte erstellt, Risiken früh erkennt und Maßnahmen einleitet, mit denen diese abgewehrt werden können. Zudem optimiert er die Durchführung des Projektes unter wirtschaftlichen Aspekten.
- *Er kommuniziert mit allen Beteiligten im Projekt:* In seiner dritten Rolle sind vor allem die Soft Skills des Projektleiters gefordert. Er ist der Leiter des Projektes und muss die Projektmitarbeiter führen und motivieren. Er organisiert die Kommunikation zwischen allen Betroffenen und Beteiligten: den Auftragebern, Auftragnehmern oder Kunden. Zugleich steuert er die sozialen Prozesse im Projekt und vermittelt zwischen unterschiedlichen Kulturen und Projektanforderungen.

Typische Karrieren im Projektmanagement

„Gute Projektleiter fallen nicht vom Himmel." Dies ist eine Erkenntnis, die manches Unternehmen durch schmerzliche Erfahrungen gewonnen hat. Sie haben daraus den Schluss gezogen, dass Projektleiter systematisch entwickelt und aufgebaut werden müssen. Deshalb bieten viele Unternehmen ihren Projektleitern eine eigenständige attraktive Karriere als Projektleiter an. Damit wird den Mitarbeitern die Chance geboten, ihre Fähigkeiten als Projektleiter systematisch und gezielt zu entwickeln.

Die Gesellschaft für Projektmanagement (GfP) hat für diese Entwicklung ein Karrieremodell entwickelt, das in Abbildung 5 dargestellt ist.

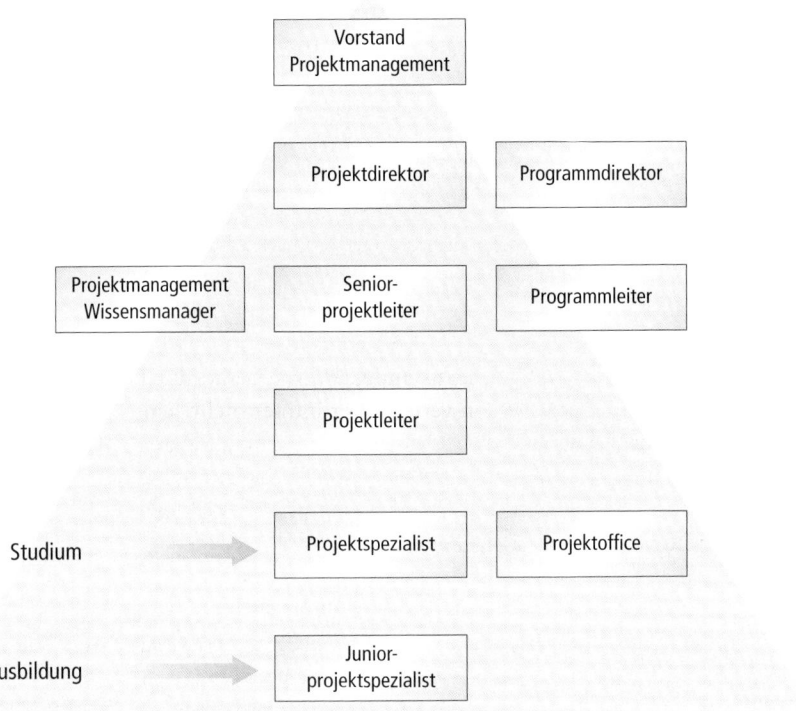

Abbildung 5: Drei Karrierepfade kennzeichnen
die Projektmanagementkarriere

Kaminkarriere Projektleiter: Juniorspezialist Die typische Karriere als Projektleiter beginnt als Juniorspezialist in kleinen Projekten. Die Qualifizierung in dieser Stufe umfasst die Grundlagen und die Methodik des Projektmanagements, in der er die verschiedenen Methoden und Ansätze kennen lernt. Er übernimmt eine Assistenzfunktion im Projekt und ist für kleine Arbeitspakete verantwortlich. Dabei erfährt er, wie in Projekten gearbeitet wird, erlernt die Methoden des Projektmanagements und wird so auch mit den unternehmensinternen Standards im Projektmanagement vertraut.

Auf der nächsten Stufe steht der Projektspezialist, der Teilprojekte leitet oder kleine Projekte eigenständig übernimmt. Der Projektspezialist sollte Erfahrungen in der Zusammenarbeit mit Gremien, Auftraggebern und anderen Partnern machen. Er erkennt Engpässe und entwickelt geeignete Lösungsstrategien. Auf dieser Karrierestufe muss der Projektleiter beginnen, seine sozialen Kompetenzen und seine Persönlichkeit gezielt zu entwickeln, damit er ein großes Verhaltensrepertoire erwirbt, um in den vielfältigen sozialen Situationen im Projekt bestehen zu können. Bei dieser Entwicklung sollte der Projektspezialist durch einen erfahrenen Projektleiter unterstützt werden. So erwirbt der Mitarbeiter die Kompetenzen, die er benötigt, damit man ihm eigenständige Projekte überträgt.

Projektspezialist

Der Projektleiter leitet Projekte eigenständig. Dadurch und durch andere Qualifikationsmaßnahmen verfestigt er immer mehr seine Fähigkeiten in den Kernpunkten des Projektmanagements. Sehr erfahrene Projektleiter übernehmen immer größere und komplexe Projekte. Dadurch werden sie zum Seniorprojektleiter. Nur sehr wenige schaffen dann den nächsten Karrieresprung zum Projektdirektor.

Seniorprojektleiter und Projektdirektor

Rechts und links dieser typischen Kaminkarriere gibt es zwei weitere Karrierepfade. Auf dem einen spezialisieren Sie sich zum Projektmanagementexperten. Dabei übernimmt der Projektleiter in den verschiedenen Stufen seiner Karriere immer wieder Querschnittsaufgaben im Projektmanagement: sei es, dass er in Arbeitsgruppen bei Standardisierungen mitarbeitet oder bei Aufbau von Wissensdatenbanken mitwirkt oder sich aktiv für die Vernetzung der Projektleiter einsetzt. Ziel dieser Entwicklung ist, Wissensmanager im Projektmanagement zu werden. Es ist ein guter Weg für Leute, die eine Neigung zur Systematisierung von Wissen und zur Themenentwicklung haben.

Karrierepfad „Projektmanagementexperte"

Karrierepfad „Projektsteuerung" Der andere Pfad betrifft das sogenannte Multiprojektmanagement. Hier übernimmt der Projektleiter Aufgaben, mit denen er die Projekte im Unternehmen organisiert. Hierzu zählt eine Mitarbeit im Projektoffice des Unternehmens oder beim Multiprojektmanagement, also der Koordination und dem Controlling von Projekten. Karrierehöhepunkt ist hier die Position des Programmdirektors.

Projektoffice Eine besondere Rolle nimmt der Leiter des Projektoffice ein. In der Unternehmenshierarchie hält er eine ähnliche Position inne wie ein Teamleiter. Für seine Tätigkeit sind folgende Schwerpunkte wichtig: Arbeitsorganisation, Arbeitstechnik, Organisation von Prozessen, Kommunikation, Präsentation und die Beherrschung der eingesetzten IT-Systeme.

Tipps für Ihren Erfolg
- Der Karriereweg als Projektleiter eignet sich für alle, die immer wieder neue Herausforderungen und Aufgaben suchen. Er ist zudem attraktiv, da gute Projektleiter immer von Unternehmen gesucht werden.
- Verschaffen Sie sich eine breite Berufserfahrung durch die Leitung unterschiedlicher Projekte.
- Im Projektmanagement stehen Ihnen drei Karriereausprägungen offen: als Projektleiter, im Wissensmanagement für Projekte und im Multiprojektmanagement.

Das muss ein Projektleiter können

Was macht einen guten Projektleiter aus? Während bei einer Linienaufgabe die Rollen und Aufgaben durch die Organisation vorgegeben sind, muss sich der Projektleiter seine eigene Projektorganisation schaffen und die Rollenverteilung immer wieder mit den Beteiligten klären.

Fachkompetenz Unerlässlich im Projektmanagement ist die Kenntnis der Projektmanagementmethoden und der im Unternehmen eingesetzten Standards, einschließlich der Arbeitstechniken und Tools. Der Projektleiter sollte auch die Branche aus dem Effeff kennen, in der er arbeitet. Juristische und betriebswirtschaftliche Kenntnisse runden das Spektrum der fachlichen Kompetenzen ab.

Neben den reinen Projektmanagementmethoden muss der Projektleiter auch Arbeits- und Kreativitätstechniken kennen und anwenden können. Zum Methodenwissen gehören auch die Fähigkeit, Risikoanalysen durchzuführen, den Aufwand für die Projektdurchführung zu schätzen und die einschlägigen Controllingmethoden zu beherrschen.

Methodische Kompetenz

Ausschlaggebend für den Projekterfolg ist vor allem eine ausgeprägte soziale Kompetenz. Dazu gehört: zielgruppengerecht präsentieren, Gespräche mit unterschiedlichen Projektbeteiligten führen, Meetings und Workshops leiten, verhandeln, Teams und Mitarbeiter fachlich führen, Konflikte lösen. Zudem muss er die Fähigkeit besitzen, Projektteams zu leiten.

Soziale Kompetenz

> ▓ Werden Sie ein Fachmann im Projektmanagement. Je größer und verantwortungsvoller die Projekte sind, desto besser müssen Sie die Verfahren und Methoden des Projektmanagements kennen.
>
> ▓ Eigenen Sie sich ein breites Spektrum an Arbeitstechniken an.
>
> ▓ Entwickeln Sie Ihre Soft Skills. Sie benötigen sie im Kontakt mit dem Auftraggeber, zur Gewinnung der Projektbeteiligten und zur fachlichen Führung von Projektmitarbeitern.

Tipps für Ihren Erfolg

3. Karriereplanung als Voraussetzung für den Weg nach oben

„Eigentlich hat sich meine Karriere so ergeben", berichtet eine erfolgreiche Projektleiterin. „Mein Berufswunsch war Lehrerin; aber als ich mich an der Universität einschreiben wollte, hat mir der Stundenplan nicht gefallen. Deshalb habe ich mich für Wirtschaftsinformatik entschieden. Nach dem Studium fing ich bei einem Softwarehouse an. Es war für mich die praktischste Lösung. In der gleichen Stadt hatte auch mein Mann eine Stelle gefunden. Ich arbeitete bei verschiedenen Projekten mit. Mein Organisationstalent hat mein damaliger Chef entdeckt. Er holte mich dann ins Projektoffice. Dann wurde ein Projektleiter krank und ich habe von seinem Vertreter immer mehr Leitungsaufgaben übertragen bekommen. Aus dieser Tätigkeit hat sich dann eine enge Zusammenarbeit mit ihm ergeben. Als dieser dann Abeilungsleiter wurde, habe ich das erste eigene Projekt bekommen. Und dann ging es immer so weiter."

Ist Ihre Karriere bisher auch so verlaufen? Dann gehören Sie zu den wenigen Glücklichen, denen zum richtigen Zeitpunkt Förderer begegnet sind, die ihnen auf dem Weg nach oben geholfen haben.

Karriereplanung strategisch angehen

Karriere wird nicht gemacht, sondern Sie gestalten Ihre Karriere. Dies gilt heute mehr denn je. Beruflich erfolgreich zu sein, ist in erster Linie eine Frage der Karrierestrategie. Viele sind nicht deshalb erfolglos, weil sie die falsche Strategie verfolgen. Ihr Problem: Sie verfolgen erst gar nicht eine Strategie. Sie warten darauf, dass ihr berufliches Fortkommen sich irgendwie ergibt. Dieses Prinzip funktioniert aber nur dann, wenn die Wirtschaft rasant wächst. Doch diese Zeit ist vorbei und jeder, der erfolgreich sein will, muss wissen, was er will und kann. Dieser Grundsatz galt für erfolgreiche

Führungskräfte schon immer. Und er gilt heute auch für die erfolgreiche Fachkarriere.

Vision: Antrieb für den Erfolg

„Sprich über deine Träume und versuche, sie wahr zu machen."
BRUCE SPRINGSTEEN,
US-AMERIKANISCHER ROCKMUSIKER

Jeder hat berufliche Träume. Bereits Kinder entwickeln Vorstellungen davon, was sie später einmal werden wollen. Unbewusst werden wir von diesen Träumen angetrieben. Aus der Realität, in der wir uns befinden, und unseren Träumen entsteht eine Spannung, die uns antreibt. Richten wir unser Leben allein an der Realität aus und vergessen dabei die Träume und Wünsche, fehlt uns die Motivation, etwas zu verändern.

Träume treiben uns an

Umgekehrt gilt: Dominieren unsere Träume und Wünsche, leben wir in einer Traumwelt, ohne Bezug zur Realität. Beruflicher Erfolg beruht darauf, die berufliche Realität immer wieder in Richtung der Wünsche und Vorstellungen zu verändern.

Zwischen Realität und Vision

Ihre Wünsche und Träume sollten Sie sich so konkret wie möglich vor Augen führen – als ein Bild Ihrer idealen Berufs- und Lebenssituation. Ein solches Bild wird als Vision bezeichnet. Eine Vision ist konkreter als ein Wunsch oder Traum. Andererseits ist sie nicht so konkret greifbar wie eine in ein oder zwei Jahren erreichbare Berufs- oder Lebenssituation.

Visionen haben eine wichtige Funktion: Sie liefern Ihnen die Energie dafür, etwas zu verändern, ausdauernd den einmal eingeschlagenen Weg zu Ende zu gehen und Enttäuschungen zu bewältigen:

Visionen spenden Energie

- Wenn Sie nicht wissen, was Sie erreichen wollen, wissen Sie auch nicht, warum Sie etwas verändern sollten.
- Wenn Sie nicht sicher sind, dass Sie am Ende Ihres Berufsweges ein lohnendes Ziel erreicht haben, werden Sie immer den Weg des geringsten Wiederstandes gehen und am Ende enttäuscht sein, dass Sie nicht das erreicht haben, was Sie eigentlich wollten.

■ Und wenn Sie nicht daran glauben, dass Sie Ihre beruflichen Wünsche auch erreichen, sind Ihnen die Rückschläge allein nur Beweise dafür, dass Sie es tatsächlich nicht schaffen werden.

> **Eine Vision ist das Bild der beruflichen Zukunft, die man gestalten möchte. Sie wird so beschrieben, als ob sich die berufliche Zukunft bereits eingestellt hätte. Sie gibt der beruflichen Entwicklung eine Richtung vor und motiviert Sie, dieser Vorgabe zu folgen.**

Visionen kreieren

Wie kommen Sie zu Ihrer Vision? Visionen werden nicht entwickelt, sondern sie sind unbewusst in Gedankensplittern vorhanden und müssen sichtbar gemacht werden. Dasjenige, was in Ihrem Kopf in Form von Wünschen, Träumen, Gedankensplittern und Bildern vorhanden ist, müssen Sie für sich sichtbar machen und zu einem Gesamtbild zusammenfügen. Dabei gehen Sie so vor:

So machen Sie Ihre Vision sichtbar

■ Wählen Sie einen Tag, an dem Sie keinen Stress haben, und einen Ort, an dem Sie sich wohl fühlen. Dies kann Ihr Wohnzimmer sein, aber auch ein Ort in der Natur. Es kann ein vertrauter Ort sein, aber auch ein Ort, der für Sie völlig neu ist. Wenn Sie möchten, hören Sie auch Musik.

■ Versetzen Sie sich zunächst in eine entspannte Stimmung. Atmen Sie mehrere Male tief durch und lassen Sie beim Ausatmen allen Druck aus sich heraus, bis Sie sich entspannt, locker und konzentriert fühlen.

■ Denken Sie jetzt an eine Situation, die Ihnen viel bedeutet oder bedeutet hat; ein schöner Ort, eine Begegnung mit einer geschätzten Person – eine Situation, in der Sie das Gefühl hatten, dass etwas Bedeutendes geschah. Schließen Sie für einen Moment die Augen. Versuchen Sie, sich diese Situation möglichst lebendig vor Ihr mentales Auge zu stellen. Öffnen Sie dann die Augen und beschreiben Sie Ihre Erfahrung mit Worten. Nutzen Sie dabei das Präsens, die Gegenwartsform, als ob alles gerade jetzt geschieht.

■ Notieren Sie zunächst nur Stichpunkte, die Ihnen zu Ihrem Bild einfallen:
   ☐ Welche Erfahrung haben Sie gesehen?

☐ Was verbinden Sie damit? Welches Gefühl? Welche Farben? Welcher Geruch? Welche Formen?

☐ Welche Wörter oder Bilder beschreiben diese Erfahrung?

▓ Fassen Sie jetzt diese Erfahrung in einem kurzen Text zusammen. Statt einer verbalen Beschreibung können Sie auch eine Skizze oder ein Bild anfertigen.

Vision reflektieren

Nach etwa zwei Stunden haben Sie eine Beschreibung Ihrer Vision vorliegen, entweder als Text, Bild oder als Skizze. Dieses Bild tragen Sie schon lange mit sich herum. Es ist vielleicht noch unvollständig, bruchstückhaft und in vielen Teilen noch nicht sehr konkret. Ihre Beschreibung hat jedoch einen großen Vorteil: Sie können sie aus der Distanz betrachten und über einzelne Aspekte nachdenken, ohne das Gesamtbild aus den Augen zu verlieren. Zudem sind Sie so besser gewappnet, den Vorwürfen zu begegnen, die gegen Visionen immer wieder erhoben werden.

„Meine Vision ist nicht realistisch"

Viele Menschen denken, dass ihre Vision unrealistisch ist und nicht verwirklicht werden kann. Wir haben in unserem Leben oft gelernt, uns keine zu unrealistischen Vorstellungen zu machen, sondern immer auf dem sogenannten Boden der Tatsachen zu bleiben. Wir handeln nach der Regel: „Stell dir nicht vor, was du dir wünschst, dann bist du nicht enttäuscht, wenn du es nicht erreichst." Etwas Außergewöhnliches schaffen wir jedoch nur, wenn wir uns zunächst etwas Außergewöhnliches vorstellen. Schieben Sie deshalb Ihre Ängste und Zweifel beiseite. Stellen Sie sich vor, Sie könnten all das problemlos verwirklichen, was Sie wollen.

„Meine Vision entspricht nicht den Vorstellungen anderer"

Oft richten wir unser Handeln nach den Vorstellungen unserer Eltern, Lehrer, Vorgesetzten oder unseres Lebenspartners aus. So wenig wie eine Vision davon abhängt, ob sie realisierbar ist oder nicht, genauso wenig hängt sie davon ab, was andere darüber denken. Drehen Sie deshalb den Spieß um: Denken Sie Ihre Vision so, als würden sich alle anderen so verhalten, dass es zu Ihrer Vision passt!

„Meine Vision ist nicht wichtig"

„Was ich will, ist nicht wichtig." Dies ist eine innere Haltung, die uns daran hindert, unsere Vorstellungen und Wünsche in den Vordergrund zu stellen. Es ist aber unser Leben, das wir mit unserer Karriere gestalten. Machen Sie sich also nicht klein.

„Meine Vision macht mir Angst" Visionen können Menschen anziehen, aber ihnen auch gleichzeitig Angst machen. Die Vision fördert auch Vorstellungen zu Tage, die wir uns verbieten. Sie kann Konsequenzen haben, die wir fürchten und die wir auch nicht wollen. An dieser Stelle kann Ihnen Ihre Vision eine Grenze aufzeigen, die eine völlige Veränderung Ihres Lebens bedeutet. Entscheiden Sie dann, ob Sie dies zulassen wollen. Wenn nicht, ignorieren Sie die Aspekte, die Ihnen Angst machen. Wenn in der Vision zum Beispiel sichtbar wird, dass Sie ins Ausland gehen müssen, dies aber nicht wollen, dann ist dies eine Rahmenbedingung, die Sie nicht realisieren können oder wollen. Eine Vision soll Sie antreiben, etwas zu erreichen. Aber sie ist kein Gesetz oder eine Vorgabe, die bis ins kleinste Detail realisiert werden muss.

„Meine Vision ist unerreichbar" Es hängt von unserer Einschätzung ab, was für uns erreichbar ist und was nicht. Oft ziehen wir hier die Grenzen zu eng. Unsere Vorstellungen vom Berufsleben sind durch die Unternehmen geprägt, in denen wir tätig sind oder tätig waren, und wir nehmen sie als gegeben hin. Einerseits kann es sein, dass unsere Vorstellungen nicht stimmen und mehr im Unternehmen erreichbar ist, als wir denken. Andererseits können wir viele Dinge selbst verändern.

Vision konkretisieren Ihre Vision hat Auswirkungen auf Ihr Handeln in vielen Lebensbereichen. Sie berührt sowohl berufliche wie private Aspekte. Sie nimmt Einfluss auf Ihr soziales Umfeld, auf Freunde und Bekannte. Sie sagt etwas über Ihr Selbstbild und Ihren Lebenszweck aus. Die folgende Technik leitet Sie an, Ihre Vision unter verschiedenen Aspekten genauer zu betrachten und konkret zu formulieren.

So konkretisieren Sie Ihre Vision

Mit den folgenden Fragen konkretisieren Sie Ihre Vision für verschiedene Aspekte Ihres Lebens. Formulieren Sie die Antworten so, als wäre Ihre Vision schon Realität.

- *Arbeit:* Welche Merkmale kennzeichnen Ihre ideale berufliche Situation?
- *Selbstbild:* Wenn Sie genau der Mensch sein könnten, der Sie sein möchten, über welche Eigenschaften verfügen Sie dann?
- *Besitz:* Welche materiellen Dinge besitzen Sie dann?
- *Lebensumgebung:* Wo wohnen Sie und wie leben Sie dort?
- *Gesundheit:* Was tun Sie für Ihre Gesundheit und Fitness?

- *Beziehungen:* Welche Art von Beziehungen haben Sie zu Freunden, Familienmitgliedern und anderen Menschen?
- *Kreativität:* Was tun Sie, um kreativ zu sein?
- *Gemeinschaft:* In welcher Form von Gemeinschaft oder Gesellschaft leben Sie?
- *Lebenszweck:* Stellen Sie sich vor, Ihr Leben würde einem einzigen Zweck dienen, den Sie durch das, was Sie tun, durch Ihre Beziehungen zu anderen Menschen und durch Ihre Lebensweise erfüllen. Beschreiben Sie diesen Zweck.

Vereinbarkeit der Ziele

Prüfen Sie, ob Ihre Vorstellungen mit den anderen Wünschen, die Sie haben, übereinstimmen. Besteht die Vision darin, einen gut bezahlten Job zu haben, und wünschen Sie sich gleichzeitig eine gute und erfüllte Beziehung zu Ihrer Familie, dann müssen Sie überlegen, wie sich dies mit Ihrem Job vereinbaren lässt. Möchten Sie in der Nähe Ihres Heimatortes wohnen, um die Beziehungen zu den alten Freunden nicht zu verlieren, müssen Sie überlegen, ob es realistisch ist, so eine Position in der Nähe Ihres Heimatortes zu finden. Gehen Sie alle Aspekte Ihrer Vision durch. Bei einigen Aspekten werden Sie herausfinden, dass diese gut zusammenpassen, bei anderen, dass Sie dabei auf Wünsche verzichten müssen. Bei manchen fällt das leicht, bei anderen schwerer. Schritt für Schritt erarbeiten Sie so ein konkretes Bild Ihrer Vision. Formulieren Sie jetzt dieses Bild in einem oder zwei Sätzen. Die folgende Vision ist ein Beispiel dafür:

Beispiel

„Ich möchte eine Stelle, die mit einem Gehalt bezahlt wird, das es mir erlaubt, die meisten meiner materiellen Wünsche zu erfüllen, und bei der ich meine vielseitigen Talente verwirklichen kann. Ich möchte Projektleiter werden und innovative Projekte realisieren."

Vision gegenwärtig halten

Ihre Vision steht jetzt schwarz auf weiß auf einem Blatt Papier. Dies ist wichtig, denn Sie sollten sie sich immer vor Augen halten. Sie können die Vision sichtbar in Ihrem Arbeitszimmer aufhängen, Sie können das Blatt auch in einen Umschlag stecken, der auf Ihrem Schreibtisch liegt. Oder Sie schreiben Sie auf einen kleinen Zettel, den Sie in Ihre Geldbörse stecken. Bewahren Sie Ihre Vision so auf, dass Sie immer wieder daran erinnert werden.

Tipps für Ihren Erfolg

- ▨ Machen Sie Ihre Vision sichtbar, indem Sie Ihre Wünsche, Träume und Gedankensplitter aufschreiben oder als Bild skizzieren.
- ▨ Beschreiben Sie Ihre Vision: Es ist das Bild Ihrer beruflichen Zukunft, die Sie gestalten möchten und Sie motiviert, Ihre Ziele auch zu erreichen.
- ▨ Betrachten Sie ihre Vision unter verschiedenen Aspekten. Dadurch bekommt sie eine konkrete Gestalt.
- ▨ Formulieren Sie Ihre Vision in einem Satz. Bewahren Sie diesen so auf, dass Sie immer an die Vision erinnert werden.

Berufsumfeld: Das Umfeld bestimmt die Karriere mit

„Beide schaden sich selbst: der zu viel verspricht und der zu viel erwartet.“

GOTTHOLD EPHRAIM LESSING (1729–1781), DEUTSCHER DICHTER

Schön wäre es, wenn man autark über die Karriere bestimmen könnte. Jedoch spielen auch der Vorgesetzte, das Unternehmen, die Kollegen und die Entwicklung auf dem Arbeitsmarkt eine Rolle. Hinzu kommt noch das private Umfeld: der Lebenspartner, die Kinder, die Eltern, der Wohnort und vieles mehr. Ihre eigene Einstellung und Haltung, die Aktivitäten, die Sie unternehmen oder auch nicht unternehmen, Chancen, die Sie ergreifen, aber aus unterschiedlichen Gründen auch verstreichen lassen: All das bestimmt zumindest indirekt mit, welchen Verlauf Ihre Karriere nimmt.

Das Umfeld bestimmt die Karriere mit

Durch die Vision haben Sie sich Ihre Wünsche und Träume bewusst gemacht. Nun sollten Sie auch noch Ihr berufliches und privates Umfeld analysieren. So erfahren Sie, was und wer direkt oder indirekt Einfluss auf Ihre Karriere nimmt und welche Erwartungen Ihr Berufsumfeld an Sie und Ihre Karriere stellt.

Ihr berufliches und privates Umfeld – das ist etwa Ihr Vorgesetzter, der Ihre Entwicklung fördert, Ihnen Aufgaben gibt, mit denen Sie sich entwickeln können, und der nicht zuletzt auch über Ihre Beförderung entscheidet. Aber auch der Arbeitsmarkt hat einen Einfluss auf Ihre Karriere: In wirtschaftlich guten Zeiten oder in Arbeitsfeldern, in denen es wenig Spezialisten gibt, ist es leichter, attraktive Positionen zu finden, als in einer Rezension oder in Themengebieten, in denen die Konkurrenz groß ist.

Berufliches und privates Umfeld

Hinzu kommt: Auch Ihr Lebenspartner und Ihre Kinder bestimmen zumindest indirekt mit, welche Stelle Sie annehmen oder nicht. Denn sie sind es, die vielleicht den Ort wechseln müssen, weil Sie eine attraktive Stelle in einer anderen Stadt antreten wollen.

Das Karriereumfeld wird bestimmt von Personen oder Tatsachen in Ihrem Unternehmen oder im privaten Bereich, die direkt oder indirekt einen Einfluss auf Ihre Karriere haben. Diese stellen Ansprüche an Sie, welche über Ihre Karriere mitentscheiden.

Personen oder Tatsachen in Ihrem Umfeld werden Umweltpartner genannt: Weitere typische Umweltpartner sind der Personalbereich und die Fördermöglichkeiten des Unternehmens, bei dem Sie beschäftigt sind, aber auch Kollegen oder – im privaten Bereich – Freunde, insbesondere diejenigen, mit denen Sie sich über berufliche Dinge austauschen. Des Weiteren ist an Ihr berufliches Netzwerk und an Vereine oder Verbände, in denen Sie tätig sind, zu denken.

Umweltpartner

Die hier aufgeführten Umweltpartner sind nur Beispiele. Jeder hat seine individuellen Umweltpartner, die einen Einfluss auf die Karriere ausüben können. Eine Berufsumfeldanalyse macht sichtbar, welche Umweltpartner Sie haben, wie deren Einfluss auf Sie und Ihre Karriere ist, wie Sie zurzeit deren Ansprüche erfüllen und wie Sie diese künftig erfüllen wollen.

Analyse der Umweltpartner

So finden Sie Ihre Umweltpartner

Die Berufsumfeldanalyse umfasst mehrere Schritte: Zunächst schreiben Sie so viele Umweltpartner auf, wie Ihnen einfallen. Seien Sie dabei so konkret wie möglich. Also nicht „mein Chef", notieren Sie den Namen. Dadurch verbinden Sie mit jedem Umweltpartner ein konkretes Bild. Je mehr Umweltpartner auf der Liste stehen, umso besser. Dies bewahrt Sie davor, einen wichtigen Umweltpartner zu vergessen.

Namen der Umweltpartner priorisieren

Bringen Sie die Umweltpartner auf Ihrer Liste in eine Reihenfolge. Ganz oben stehen diejenigen, die in der jetzigen Situation einen größeren Einfluss auf Ihre berufliche Entwicklung haben, ganz unten diejenigen, die am wenigsten Einfluss nehmen.

Umwelteinflüsse sichtbar machen

In einem zweiten Schritt nehmen Sie ein möglichst großes Blatt Papier und zeichnen in die Mitte einen Kreis. Dort schreiben Sie Ihren Namen hinein. Ordnen Sie die ersten zehn Umweltpartner aus Ihrer Liste um sich herum an.

- Dabei schreiben Sie diejenigen, zu denen Sie eine große emotionale Nähe haben, möglichst nahe an den „Ich-Kreis". Diejenigen, denen Sie nicht so nahestehen, schreiben Sie an den Rand des Blattes. Alle anderen werden dazwischen positioniert.
- Jetzt zeichnen Sie um jeden Umweltpartner einen Kreis. Diejenigen, welche über Ihre Karriere entscheiden oder mitentscheiden, erhalten einen großen Kreis, diejenigen, welche nur eine geringe Bedeutung haben, einen kleinen Kreis. Um alle anderen zeichnen Sie einen Kreis mittlerer Größe.

Prüfen Sie, ob es in Ihrer Liste noch weitere Umweltpartner gibt, die Sie mit einzeichnen möchten. Verbinden Sie Ihren Kreis mit den Kreisen Ihrer Umweltpartner durch Striche, wenn Sie sich mit diesen über Ihre Karriere austauschen wollen. So entsteht ein Bild, wie es Abbildung 6 beispielhaft wiedergibt.

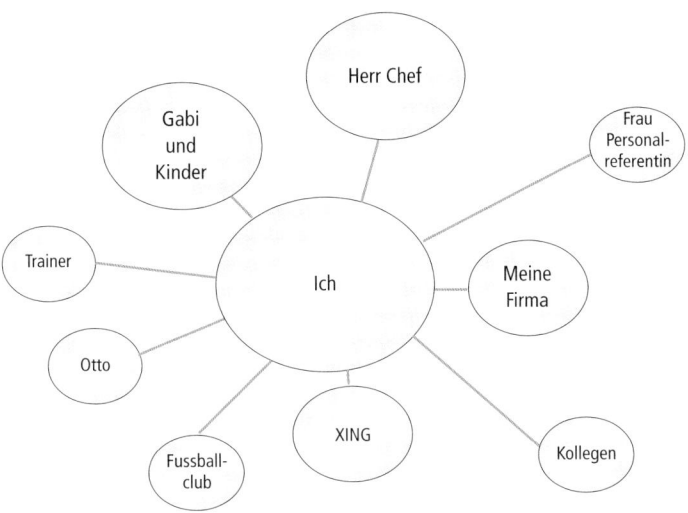

Abbildung 6: Ein Bild macht die Umwelteinflüsse auf Ihre Karriere deutlich

Mit Hilfe des Bildes können Sie die für Ihre Karriere wichtigen Umweltpartner erkennen, welche emotionale Nähe Sie zu diesen haben und wie gut Sie diese in die Überlegungen zu Ihrer Karriere einbeziehen. Sie sehen so sehr schnell, an welchen Beziehungen Sie etwas verändern müssen: nämlich an allen, die wichtig für Ihre Karriere sind, zu denen Sie aber keine gute Beziehung haben. Ein Beispiel dafür ist in Abbildung 6 die Beziehung zum Chef.

Interpretation des Bildes

Jeder Ihrer Partner in der Umwelt stellt Erwartungen an Sie.
- Ihr Unternehmen möchte, dass Sie mobil und möglichst rund um die Uhr für Ihren Job da sind.
- Ihre Familie wünscht, dass Sie viel Zeit zu Hause verbringen, im Haushalt mithelfen und vielleicht die Wohnung renovieren.
- Ihre Freunde und Bekannten wollen, dass Sie in deren Nähe bleiben oder aktiv in einem Verein mitarbeiten.

Anforderungen der Umweltpartner

Es ist nur natürlich, dass Sie versuchen, all diesen Anforderungen möglichst gerecht zu werden. Dies klappt jedoch nicht immer. Es gibt Menschen, die sich bemühen, es allen recht zu machen. Dabei denken sie zu wenig an sich selbst und werden vielleicht sogar

Widersprüchliche Anforderungen

krank. Außerdem: Manche Anforderungen stehen in einem Gegensatz zueinander. Indem Sie es einem Umweltpartner recht machen, verärgern Sie den anderen.

So analysieren Sie die Umweltanforderungen

▨ Versuchen Sie sich in die Sicht Ihrer Umweltpartner hineinzuversetzen.

▨ Beschreiben Sie diese Anforderungen aus deren Perspektive – etwa aus der Ihres Chefs: „Ich möchte, dass alle anfallenden Arbeiten erledigt sind, auch wenn dies ab und zu bedeutet, dass die Mitarbeiter länger arbeiten müssen."

▨ Schreiben Sie die Anforderungen in eine Tabelle (Abbildung 7). Überlegen Sie, wie Sie die Anforderungen Ihrer Partner bisher erfüllt haben: „Ja, Sie können immer auf mich zählen." Schreiben Sie dies ebenfalls in die Tabelle.

Umweltpartner	Anforderung	Antwort jetzt	Antwort künftig
Herr Chef	Ich möchte, dass Sie rund um die Uhr für Ihren Job da sind	Ich mache alles, soweit mein Familienleben nicht darunter leidet	Ich bin bereit mehr zu tun, aber nur dann, wenn es meiner Karriere dient
Gabi			
Kinder			

Abbildung 7: Aus der Tabelle erkennen Sie, welche Anforderungen Sie erfüllen müssen und an welchen Stellen Veränderungen notwendig sind

Vergleichen Sie jetzt Ihre Vision mit den Anforderungen Ihres Um- **Verhalten**
feldes. Überlegen Sie bei jedem Umweltpartner, wie Sie handeln **verändern**
müssen, damit Ihre Vision Wirklichkeit wird. Beantworten Sie bei
jedem Ihrer Umweltpartner die Frage: „Was muss ich verändern, damit meine Vision Wirklichkeit wird?" Vielleicht müssen Sie Ihrem
Vorgesetzten Ihren Berufswunsch verdeutlichen. Vielleicht müssen
Sie sich aktiver um Aufgaben im Projektmanagement bemühen.
Eventuell müssen Sie am Verhältnis zu Ihrer Familie Änderungen
vornehmen.

▓ Ermitteln Sie den Einfluss Ihrer Umweltpartner auf Ihre Karriere. **Tipps für**
▓ Analysieren Sie die Beziehung zu Ihren Umweltpartnern. **Ihren Erfolg**
▓ Ermitteln Sie die Erwartungen Ihrer Umweltpartner. Überlegen Sie,
  wo Sie etwas verändern müssen, um Ihrer Vision einen Schritt näher
  zu kommen.

Standortbestimmung:
ein realistisches Selbstbild gewinnen

„Natürlich wissen wir ungefähr Bescheid, was wir können
und was nicht. Wenn wir langfristig erfolgreich sein wollen,
müssen wir es aber genau wissen."

ARMIN ROHM, KARRIEREBERATER

Kennen Sie Ihre Stärken? Wissen Sie, was Ihre Schwächen sind? Dies
sind zwei Fragen, denen Sie mit großer Wahrscheinlichkeit im
Vorstellungsgespräch begegnen werden. Aber nicht nur für dieses
Gespräch brauchen Sie Antworten. Denn diese bestimmen auch
Ihre Karrierestrategie. Stärken sind die Dinge, die Sie besonders
gut können; Schwächen zeigen Ihnen Bereiche auf, die Sie noch entwickeln müssen.

Das, was Sie an Stärken oder an Schwächen bei sich empfinden, ist **Realistische**
zunächst immer eine subjektive Selbsteinschätzung. Oft ist es so, **Selbst-**
dass Ihr Vorgesetzter, Ihre Kollegen, Ihr Partner oder die Freunde **einschätzung**
Ihre Stärken und Schwächen besser kennen als Sie selbst. Eigene

65

Stärken und Schwächen erkennt man am besten, wenn man das Feedback seiner Umwelt nutzt.

So machen Sie eine Standortbestimmung

In Ihren Erfolgen spiegeln sich Ihre Stärken, und Ihre Misserfolge sind ein Indikator für Ihre Schwächen. Ihren Stärken kommen Sie auf die Spur, wenn Sie die folgenden Fragen beantworten:

- Was tun Sie gerne?
- Was machen Sie mit Begeisterung und Leidenschaft?
- Bei welcher Tätigkeit blühen Sie auf?
- Womit sind Sie erfolgreich?

Entscheidend bei der Bewertung der Stärken ist nicht deren Quantität, sondern die Qualität. Sie können schon mit drei bis vier ausgeprägten Stärken erfolgreicher sein als mit zehn Stärken, die Ihnen nicht wirklich ein Profil verleihen. Ähnlich ist es auch mit den Schwächen. Eine ausgeprägte Schwäche kann zu einem großen Hindernis für Ihre Entwicklung werden: Sie können nicht Englisch sprechen, diese Fremdsprache spielt aber in Ihrem Spezialgebiet eine wichtige Rolle.

Ihre Schwächen finden Sie mit den folgenden Fragen heraus:

- Was gelingt Ihnen zumeist nicht?
- Wann und wo verbuchen Sie immer wieder Misserfolge?
- Welchen Anteil tragen Sie an den Misserfolgen?

Ist-Aufnahme wiederholen

Eine Standortbestimmung ist eine Ist-Aufnahme des derzeitigen Zustandes – und der ändert sich permanent. Deshalb sollte sie keine einmalige Aktion sein. Wiederholen Sie die Ist-Aufnahme in regelmäßigen Abständen immer wieder. Dabei entdecken Sie vielleicht bisher unbekannte Stärken oder erkennen, dass Sie einige Schwächen kompensieren konnten.

Portfolio Ihrer Stärken und Schwächen

Ihre Stärken sind die Basis, auf der Sie Ihre Karriere aufbauen. Stellen Sie darum immer die Stärken in den Vordergrund. Nach Ihren Stärken werden Sie im Verlauf ihres Berufslebens immer wieder gefragt: bei Mitarbeiterentwicklungsgesprächen, bei Bewerbungen und nicht zuletzt bei Vorstellungsgesprächen. Ein Portfolio hilft Ihnen, Ihre Stärken und Erfolge zusammenzustellen und zu visualisieren.

So dokumentieren Sie Ihre Stärken

Schreiben Sie bei der Beantwortung der Fragen möglichst keine Stichworte, sondern ganze Sätze.

Grundeinstellung zur Arbeit:
- Was motiviert Sie an Ihrem Fachthema?
- Was gefällt Ihnen an der Arbeitsumgebung und an Ihrem Arbeitgeber?
- Wo und wie könnten Sie noch mehr zum Erfolg der Abteilung oder des Unternehmens beitragen?

Selbsteinschätzung:
- Was sind Ihre persönlichen Stärken im Fachgebiet?
- Welche persönlichen Fähigkeiten machen Sie bei Ihren Aufgaben erfolgreich?
- Was qualifiziert Sie über Ihren Job hinaus für Ihre Aufgaben?

Fremdwahrnehmung:
- Was sagen Führungskräfte, Kollegen und Kunden über Sie und Ihre Arbeit?
- Wie gut erfüllen Sie die Erwartungen Ihrer Führungskraft, Ihrer Kollegen und der Kunden?
- Wodurch empfehlen Sie sich bei Ihrer Führungskraft für die Übernahme anspruchsvollerer Aufgaben?

Fähigkeiten:
- Welches Fachwissen besitzen Sie?
- Was sind Ihre methodischen Fähigkeiten?
- Wie gut können Sie mit Führungskräften, Kollegen und Kunden kommunizieren?

Profil:
- Welche Ihrer Erfolge haben im Unternehmen besondere Aufmerksamkeit erregt?
- Wie ist Ihr Image in Bezug darauf, wie gut Sie Ziele erreichen oder Probleme lösen?
- Welche Eigenschaft schreibt man Ihnen zu?
- Welches Bild machen sich andere Menschen, wenn sie Ihren Namen hören?

Kollegenfeedback einholen

Ihr Portfolio gibt Ihre persönliche Einschätzung wieder. Eine erste Feuerprobe besteht es dann, wenn Sie dazu die Meinung von anderen einholen. Personen, die Sie befragen, sollten drei Eigenschaften haben: Sie müssen Sie und Ihre Tätigkeit aus eigener Erfahrung kennen, in einem partnerschaftlichen Verhältnis zu Ihnen stehen und die Fähigkeit besitzen, ihre Eindrücke konstruktiv zu vermitteln.

Bei einem Kollegenfeedback stellen Sie Ihrem Kollegen Ihr Portfolio vor und fragen ihn, wie es auf ihn wirkt, welche Punkte gut getroffen sind oder welche Punkte er nicht nachvollziehen kann. Und vor allem: was er aus seiner Sicht ergänzen möchte. Je mehr Gespräche Sie führen, umso klarer wird das Bild, das sich andere von Ihnen machen.

Allgemeingültiger Maßstab

Unternehmen, die Fachkarrieren entwickelt haben, beschreiben die Kenntnisse in den Fachlaufbahnen und den Karrierestufen oft mit Profilen. Diese zeigen, was von Ihnen als einem Experten auf einem bestimmten Level erwartet wird. Falls Ihr Unternehmen ein solches Profil entwickelt hat, sollten Sie Ihr Portfolio damit vergleichen. So stellen Sie fest, welche Kenntnisse und Fähigkeiten Sie haben und welche benötigt werden, um ein bestimmtes Karrierelevel zu erreichen.

Externes Feedback

Sie können auch Gelegenheiten außerhalb Ihres Unternehmens nutzen, um Feedback zu erhalten, etwa Trainings und Seminare: Holen Sie Feedback bei den Trainern oder anderen Teilnehmern ein. Ein noch besseres Feedback ermöglichen Orientierungsseminare. Hier machen Sie Übungen und bekommen eine Rückmeldung zu Ihren Stärken und Schwächen. Es gibt auch die Möglichkeit, berufsbezogene Testverfahren zu absolvieren. Dabei werden fachliche Fähigkeiten, Interessen und persönliche Fähigkeiten abgefragt. Dazu gibt es eine Vielzahl von Diagnosemethoden. Wählen Sie nur solche, die fachlich kompetente Ergebnisse liefern.

Das Selbstbild gewinnt Kontur

Alle Rückmeldungen sind aber nur Puzzlesteine eines Gesamtbildes. Dieses müssen Sie selbst zusammensetzen und immer wieder an der Wirklichkeit Ihres Berufslebens spiegeln. Ihr Selbstbild kristallisiert sich umso sicherer heraus, je kontinuierlicher Sie Ihre Stärken und Schwächen über einen langen Zeitraum beobachten.

Korrigieren und ergänzen Sie Ihr Portfolio aufgrund der Rückmeldungen, die Sie bekommen. Aktualisieren Sie das Portfolio in regelmäßigen Abständen. So liegt Ihnen immer eine aktuelle Beschreibung Ihrer Stärken vor. Und Sie erkennen, wie Sie sich entwickelt haben.

Selbstbild ergänzen

▨ Ermitteln Sie Ihre Stärken und Schwächen. Erstellen Sie dazu ein Portfolio. Es zeigt auf, für welche Tätigkeitsfelder Sie besonders gut geeignet sind und welche Fähigkeiten Sie dafür mitbringen.

▨ Holen Sie sich ein Feedback zu Ihrem Portfolio: Kollegen, Trainer der Seminare, die Sie besuchen, und Orientierungsseminare sind Möglichkeiten, das Selbstbild mit der Einschätzung anderer Menschen abzugleichen.

Tipps für Ihren Erfolg

Karrierestrategie: fit sein für den Erfolg

„Nur wer sein Ziel kennt, findet den Weg."
LAOTSE, CHINESISCHER PHILOSOPH

Wann können Sie erfolgreich Karriere machen? Genau dann, wenn Sie als Fachexperte exakt die Kenntnisse und Fähigkeiten besitzen, mit denen Sie Unternehmen helfen, Probleme zu lösen. Oder auf den Punkte gebracht: Wenn Ihre Stärken die Schwächen Ihres Arbeitgebers sind.

Genau diese Tatsache bezeichnet das englische Wort „fit": Es bedeutet einerseits „zu etwas passen", andererseits, dass man gut auf etwas vorbereitet ist. Diese Doppelbedeutung kennzeichnet treffend, was eine gute Karrierestrategie ausmacht. Sie muss auf das berufliche Umfeld ausgerichtet sein – und gerade dadurch sind Sie gut für Ihre berufliche Zukunft gerüstet.

Fit sein

Ihre Karrierestrategie ist dann gut, wenn Ihre persönlichen Vorstellungen von der Karriere und Ihre Stärken bestens mit den Anforderungen Ihres Umfeldes harmonieren.

Problemlösung im beruflichen Umfeld

Bisher habe ich vor allem Arbeitstechniken beschrieben, mit denen Sie Ihre Vision sichtbar machen und Ihr Umfeld analysieren sowie Ihre Stärken und Schwächen ermitteln können. Daraus haben Sie Ihr Portfolio als Fachexperte entwickelt. Dies ist die eine Seite. Die andere ist, herauszufinden, welche Chancen und Möglichkeiten Ihr berufliches Umfeld bietet. Bei einer Fachkarriere bestimmt das Themengebiet, in dem Sie arbeiten, das berufliche Umfeld. Mit Ihren Kenntnissen und Fähigkeiten müssen Sie Lösungen für die Probleme Ihres Fachgebietes bieten – und nicht nur für die gerade existierenden, sondern vorausschauend für Probleme, die das Fachgebiet künftig kennzeichnen werden.

Chancen des Umfeldes erkennen und nutzen

Stellen Sie sich vor, Sie sind ein Unternehmer: Sie haben ein hervorragendes Produkt – Ihr Fachwissen und Ihre Fähigkeiten. Jeder Unternehmer stellt sich dann zuerst die Frage: Wie muss ich mein Produkt verändern, damit es möglichst gut zu den Anforderungen des Marktes passt? Wie ein Unternehmer müssen Sie bei Ihrer persönlichen Karrierestrategie herausfinden, welche Ihrer Kompetenzen und Stärken besonders attraktiv für Ihren Arbeitgeber sind und welche Sie entwickeln müssen, um attraktiv zu werden oder zu bleiben.

So erkennen Sie Ihre beruflichen Möglichkeiten

Mit den folgenden Fragen finden Sie heraus, was Sie in Ihrer beruflichen Entwicklung verändern können:

- Welches Spezialgebiet können Sie mit Hilfe Ihrer Fähigkeiten gut ausbauen?
- Welche fachlichen Fragestellungen machen Sie neugierig?
- Bezüglich welcher Themen haben Sie in Ihrem Unternehmen die besten Chancen, sich weiterzuentwickeln?
- Welche Zusatzqualifikationen sind sinnvoll? Gibt es ein anerkanntes Zertifikat?
- In welchen Bereichen können Sie fachliche Erfahrungen sammeln?
- Welche methodischen Fähigkeiten müssen Sie entwickeln, um Ihre fachlichen Fragestellungen noch besser bearbeiten zu können?
- In welchen Themen oder methodischen Fähigkeiten haben Sie Schwächen, die Sie ausgleichen müssen, um „state of the art" zu sein und zu bleiben?

▓ Mit welchen Sonderaufgaben oder Projekten können Sie sich ein unverwechselbares Know-how aufbauen?

▓ Gibt es Vorbilder im Unternehmen, also Personen, die als exzellente Fachkräfte des Fachgebietes anerkannt sind? Was wissen diese mehr? Was können sie mehr? Was können Sie von ihnen lernen?

Die Antworten auf die Fragen geben wieder, welche Möglichkeiten Sie haben, sich beruflich weiterzuentwickeln. Sie sind die Basis für Ihre Strategie. Jedoch können Sie nicht alle Möglichkeiten gleichzeitig verfolgen, ohne sich zu verzetteln. Strategien werden formuliert, um Kräfte zu bündeln. Das heißt für Sie, aus den Möglichkeiten diejenigen auszuwählen, die in Ihrer jetzigen Situation am erfolgversprechendsten sind. Das sind diejenigen, die am besten mit Ihren Stärken und Interessen zusammenpassen und für die der größte Bedarf im beruflichen Umfeld besteht.

Kräfte bündeln

▓ Ermitteln Sie die Möglichkeiten, die Ihnen Ihr Umfeld bietet. Ihre Karrierestrategie ist dann gut, wenn sowohl Ihre persönlichen Vorstellungen von der Karriere und als auch Ihre Stärken mit den Anforderungen Ihres Umfeldes harmonieren.

▓ Wählen Sie aus allen Möglichkeiten diejenigen aus, die am erfolgversprechendsten sind.

Tipps für Ihren Erfolg

Ziele bringen Ihre Entwicklung in Bewegung

Ziele sind der Treibstoff für unser Handeln. Gut formulierte Ziele beeinflussen unser Handeln direkt. Sie sind die Meilensteine, die wir in einer absehbaren Zeit erreichen wollen. Ziele motivieren, entfachen Kreativität, strukturieren das Denken und beeinflussen die Prioritäten, die wir verfolgen.

Mit den Zielen konzentrieren Sie sich auf wenige realistische Schritte, die Sie in einem überschaubaren Zeitraum erreichen können. Damit verlieren Sie Ihre Vision nicht aus den Augen. Denn Ihre Ziele ergeben sich aus Ihrer Vision und den Entwicklungsmöglichkeiten. Jedes einzelne Ziel bedeutet einen Schritt, mit dem Sie Ihrer Vision näher kommen.

Zielkonzentration

> Ziele beschreiben, was Menschen in einem überschaubaren Zeitraum erreichen wollen. Sie gliedern große Aufgaben in übersichtliche kleine Einheiten und Karriereschritte.

Ziele SMART formulieren

Ziele müssen positiv formuliert sein. Schreiben Sie nicht auf, was Sie nicht erreichen wollen. Negativ formulierte Ziele bergen auch die Gefahr in sich, dass Sie sich zu sehr mit den negativen Aspekten beschäftigen. Ziele motivieren nur, wenn sie Sie herausfordern. Nur dann sind Sie stolz, wenn Sie sie auch erreichen. Ziele lassen sich besonders gut mit der SMART-Methode beschreiben. SMART steht für: spezifisch, messbar, aktionsorientiert, realistisch und terminiert.

So formulieren Sie Ihre Ziele

Formulieren Sie Ihre Ziele mit der SMART-Methode. Prüfen Sie, nachdem Sie das Ziel formuliert haben, ob es die folgenden Kriterien erfüllt:

- *Spezifisch:* Ist das Ziel so konkret wie möglich beschrieben?
- *Messbar:* Mit welchen Kriterien können Sie feststellen, ob Sie Ihr Ziel erreicht haben oder nicht?
- *Aktionsorientiert:* Können Sie das Ziel mit eigenen Aktivitäten erreichen?
- *Realistisch:* Ist das Ziel erreichbar?
- *Terminiert:* Gibt es einen Termin, bis wann das Ziel erreicht sein soll?

„Was möchten Sie wie und wo bis wann erreichen?"

Die Formulierung „Ich möchte ein im Unternehmen viel gefragter Projektleiter werden" beschreibt noch kein Ziel. Dies ist ein Wunsch. Es bleiben noch zu viele Fragen offen: Wann ist ein Projektleiter viel gefragt? In welchem Unternehmen? Bis wann? Das Ziel muss so formuliert sein, dass damit die folgende Frage beantwortet werden kann: *„Was möchten Sie wie und wo bis wann erreichen?"*

Beispiel für ein SMARTes Ziel

Ein mögliches Ziel ist: „Ich werde innerhalb des nächsten Jahres Fortbildungslehrgänge zum Projektmanagement besuchen und das Zertifikat des Levels 1 der International Projektmanagement Association (IPMA) erwerben." Dieses Ziel ist:

- spezifisch. Denn Sie werden konkrete Fortbildungsveranstaltungen besuchen.
- aktionsorientiert, denn Sie wissen, was Sie tun müssen.
- realistisch, wenn Sie die Zeit haben, die Lehrgänge zu besuchen und diese finanziert bekommen oder selbst finanzieren können.
- messbar, denn Sie werden das Zertifikat erwerben – oder auch nicht.
- terminiert, denn nach einem Jahr werden Sie Ihr Ziel erreicht haben.

Nicht zu viele Ziele

Setzen Sie sich nicht zu viele Ziele. Mit zu vielen Zielen überfordern Sie sich und werden vielleicht keines der Ziele erreichen. Besser sind drei Ziele, die Sie innerhalb von einem oder zwei Jahren erreichen können. So erreichen Sie schnell erste Erfolge und sehen, dass Ihre Strategie wirkt.

Motivierende Ziele

Sie haben ein SMARTes Ziel. Aber ist es auch motivierend? Mit den folgenden Fragen können Sie überprüfen, ob Ihre Ziele bei Ihnen auch Energie freisetzen, die Ihnen hilft, sie zu erreichen.

So stellen Sie fest, ob Ihre Ziele motivierend sind

- Stellen Sie sich so konkret wie möglich vor, Sie hätten Ihre Ziele erreicht. Wie sieht dann Ihr Leben aus?
- Sind Sie bei der Vorstellung Ihrer Zielerreichung entspannt, glücklich und voller Energie?
- Wie zufrieden sind Sie mit sich und dem, was Sie erreicht haben?
- Wie reagiert Ihre Familie, was sagen Ihr Chef, Ihre Kollegen? Was hat sich in Ihrer Umwelt verändert?
- Sind Sie mit dem Ziel Ihrer Vision ein Stück näher gekommen?

Hindernisse überwinden

Die Hektik des Alltags ist oft dafür verantwortlich, dass Ziele aus den Augen verloren werden. Der Alltag stellt viele Anforderungen an Sie, die schnell erfüllt werden müssen. Mit jeder Anforderung rückt das Ziel ein Stück weiter weg. Sie sind so beschäftigt, dass Sie nicht dazu kommen, einen geeigneten Lehrgang auszusuchen. Oder der Lehrgang, der Ihnen weiterhelfen würde, passt nicht in Ihren Terminkalender. Oder, oder, oder … Die Zeit verstreicht und das Ziel rückt immer mehr in weite Ferne. Sie brauchen deshalb ein starkes Gegengewicht, das sie immer wieder an Ihr Ziel erinnert.

Verankern Sie Ihre Ziele

Ihr Gedächtnis braucht einen sogenannten Anker, der symbolisch Ihre Ziele an einem Punkt festhält. Der wahrscheinlich berühmteste Anker ist der Knoten im Taschentuch. Er stammt aus einer Zeit, in der jeder ein Stofftaschentuch mit sich trug. In der Zeitalter der Papiertaschentüchern ist diese Methode nicht mehr so gut geeignet. Aber es gibt vier andere Möglichkeiten, mit denen Sie sich Ihr Ziel immer wieder vor Augen halten können:

Vier Anker zur Zielerreichung

- Schreiben Sie sich Ihre Ziele auf und legen Sie das Blatt sichtbar an einen Ort, den Sie täglich sehen.
- Malen Sie ein Bild, erstellen Sie eine Collage, die Ihre Ziele wiedergibt. Hängen Sie das Bild oder die Collage an einen Ort, an dem Sie sich oft aufhalten.
- Erstellen Sie einen Bildschirmschoner, auf dem Ihr Ziel steht oder in einem Bild dargestellt ist.
- Wählen Sie einen Gegenstand aus, der Ihr Ziel repräsentiert. Tragen Sie diesen Gegenstand möglichst immer mit sich.

Tipps für Ihren Erfolg

- Formulieren Sie Ihre Ziele SMART: Spezifisch, Messbar, Aktionsorientiert, Realistisch und Terminiert.
- Prüfen Sie, ob Ihre Ziele Sie motivieren. Nur dann haben Sie die Energie, um das Ziel zu erreichen.
- Schaffen Sie sich einen Anker für Ihre Ziele. Er erinnert Sie immer wieder an Ihre Ziele.

Projekt Karrieresprung:
So planen Sie den nächsten Karriereschritt

„Irrtümer haben ihren Wert; jedoch nur hie und da.
Nicht jeder, der nach Indien fährt, entdeckt Amerika."

ERICH KÄSTNER (1899–1974),
DEUTSCHER SCHRIFTSTELLER

Sie kennen jetzt Ihr Ziel und sind motiviert, es zu erreichen. Sie könnten einfach losrennen und hoffen, dass Sie bei jedem Schritt dem Ziel ein Stück näher kommen und intuitiv das Richtige tun. Allerdings: Sie erreichen Ihr Ziel besser, wenn Sie einige Grundregeln des Projektmanagements nutzen und planen, wie Sie Ihr Ziel erreichen können.

Legen Sie fest, mit welchen Schritten Sie Ihr Ziel erreichen wollen. Definieren Sie sogenannte Meilensteine und überlegen Sie, mit welchen Risiken Sie rechnen müssen.

So planen Sie Ihre Karriere

Ihre Karriere können Sie wie ein Projekt planen:

- Formulieren Sie zu Ihrem Ziel konkrete Schritte, die Sie tun müssen, um es zu erreichen.
- Legen Sie fest, welche Ergebnisse Sie bis wann erreicht haben wollen. Damit überprüfen Sie, ob Sie auf dem richtigen Weg sind.
- Machen Sie sich die Hindernisse bewusst, die Sie auf Ihrem Weg zum Ziel vorfinden könnten.
- Überlegen Sie, was Sie tun, wenn Sie auf die Hindernisse treffen. Vielleicht können Sie dies schon bei Ihrer Planung berücksichtigen.
- Starten Sie Ihr Projekt „Karrieresprung".

Beispiel *Für das Ziel, etwa eine Zertifizierung zu erreichen, sind mehrere Schritte erforderlich: die Finanzierung sichern, geeignete Lehrgänge auswählen und ein Projekt durchführen, mit dem Sie zertifiziert werden können. Sie müssen die Teilnahme an den Lehrgängen mit Ihrem*

75

Arbeitgeber und Ihrer Familie besprechen. Zudem sind einige organisatorische Dinge zu regeln: Anmeldung zu den Lehrgängen, Unterlagen zusammenstellen, Anmeldung zur Zertifizierung und Vorbereitung auf die Prüfung. Indem Sie die einzelnen Schritte formulieren, durchdenken Sie den Weg zum Ziel genau und entwickeln ein konkretes Bild davon, wie Sie Ihr Ziel erreichen werden.

Meilensteine auf dem Weg nach oben

Meilensteine am Straßenrand zeigten früher den Reisenden an, wie weit sie gekommen waren und welchen Weg sie noch zurücklegen mussten. Meilensteine bei Ihrem Projekt „Karrieresprung durch Zertifizierung" sind drei bis vier entscheidende Ereignisse, an denen Sie sich entscheiden müssen, wie es weitergehen soll:
- Finanzierung der Lehrgänge gesichert
- Anmeldung zu den Lehrgängen erfolgt
- Voraussetzung für die Zertifizierung erreicht

Falls einer der Meilensteine nicht erreicht wird, können Sie auch das Ziel nicht erreichen. Können Sie jedoch hinter jedem der Meilensteine den Vermerk „Erledigt" machen, bedeutet dies, dass Sie auf dem richtigen Weg sind.

Risiken im Voraus bedenken

„Wer die Gefahren auf seinem Weg kennt, stellt sich schon zu Beginn seiner Reise darauf ein." Dies ist eine alte Weisheit, die man schon im Postkutschenzeitalter kannte. Wenn man befürchtete, überfallen zu werden, nahm man einen Begleitschutz mit. Übertragen auf unser Projekt heißt dies: Sie müssen alle möglichen Risiken und Störungen ermitteln, die auf dem Weg zum Ziel eintreten können. Zum Beispiel könnte Ihr Vater oder Ihre Mutter krank werden, und Sie müssen sich mit Ihrer Frau um die Pflege kümmern. Oder: Eine schon lange anstehende Renovierung an Ihrem Haus könnte früher als geplant notwendig werden.

Risiken quantifizieren

Vergleichen Sie die Risiken miteinander, um herauszufinden, welche der Risiken wahrscheinlich eintreten werden – und welche nicht. Für die drei wahrscheinlichsten Risiken überlegen Sie, was Sie tun können, wenn diese eintreten.

Jeder Karrieresprung ist nicht nur ein Erfolg und eine Bestätigung Ihrer Fähigkeiten. Eine neue Position stellt auch neue Anforderungen an Sie. Sie wechseln das Team, die Kunden werden anspruchsvoller, Ihre Partner im Unternehmen stellen andere und vielleicht sogar höhere Ansprüche. Oder Sie müssen mehr und länger arbeiten. All dies kann Sie unbewusst beeinflussen, den Start Ihres Projektes immer wieder hinauszuzögern. Auch auf diese Hindernisse sollten Sie vorbereitet sein.

Herausforderungen wachsen

Welche Ausreden werden Ihnen einfallen, Ihr Projekt nicht durchzuführen? Die Antworten auf diese Frage machen Ihnen bewusst, welche persönlichen Gründe Sie daran hindern könnten, Ihren Karrieresprung nicht aktiv anzupacken: „Das kann ich nicht." „Was werden meine Freunde sagen, wenn ich scheitere?" „Es gibt hundert Menschen, die besser sind als ich; warum sollte gerade ich den Sprung schaffen?" Lassen Sie Ihre Ausreden nicht gelten.

Ausreden: ab in den Orkus

- Nutzen Sie Grundregeln des Projektmanagements, um Ihren Karrieresprung zu planen.
- Legen Sie fest, mit welchen Schritten Sie Ihr Ziel erreichen wollen. Definieren Sie Meilensteine und überlegen Sie, mit welchen Risiken und Hindernissen Sie rechnen müssen.
- Werden Sie sich bewusst, was Sie persönlich daran hindern könnte, Ihr Projekt konsequent zu verwirklichen.

Tipps für Ihren Erfolg

Der richtige Zeitpunkt für einen Karrieresprung

„Achte auf deine Gedanken – sie sind der Anfang deiner Taten."
CHINESISCHES SPRICHWORT

Am Beginn einer erfolgreichen Karriere steht eine gute Karriereplanung. Dies ist aber nur die halbe Miete. Sie muss auch umgesetzt werden. Sicher, Sie werden auch in Ihrer jetzigen Stelle interessante Aufgaben finden, neue Tätigkeiten übernehmen und sich entwickeln. Aber einen wirklich Sprung nach vorne machen Sie nur, wenn die Aufgaben, die Sie übernehmen, eine völlig neue Qualität haben.

77

Der Projektspezialist wird zum Projektleiter, indem er ein erstes eigenes Projekt übernimmt. Der Juniorberater zum Berater, indem er nicht nur Beratungsaufträge durchführt, sondern seine eigenen Aufträge akquiriert. Und der Vertriebsaußendienstmitarbeiter wird zum Account-Manager dadurch, dass er einen Kunden eigenverantwortlich betreut.

Den Wechsel erfolgreich gestalten

Unternehmen, Vorgesetzte und Personalleiter beurteilen Mitarbeiter nicht nur danach, wie engagiert sie sich für ihre Arbeit einsetzen, sondern auch danach, wie zielstrebig sie sich um ihre Entwicklung kümmern. Sie achten genau darauf, wie aktiv Mitarbeiter sich um höherwertige Tätigkeiten und anspruchsvollere Stellen bemühen.

Weiterentwicklung durch neue Anforderungen

Jeder Karrieresprung ist für Sie auch ein Sprung in Ihrer Entwicklung. Während Sie sich in einer Stelle kontinuierlich weiterentwickeln, stellt eine neue Stelle neue Anforderungen an Sie. Sie bekommen die neue Stelle, weil Ihre Kompetenz in Ihrer jetzigen Stelle gewachsen ist und weil Sie in einer neuen Position noch mehr leisten können.

Höherbewertung der Stelle

Der einfachste Weg für eine Fachkarriere ist, wenn die Anforderungen an Ihre Stelle steigen und Sie mit dieser Stelle wachsen. Wenn sich dann Ihr Vorgesetzter dafür entscheidet, diese Stelle neu zu bewerten, haben Sie einen Karrieresprung gemacht, ohne sich in einem Bewerbungsverfahren durchsetzen zu müssen. Dieser Fall ist eher die Ausnahme, meistens müssen Sie die Initiative ergreifen.

> **Erfolgreiche Experten bewerben sich, wenn im Rahmen Ihrer Karriereplanung der richtige Zeitpunkt dafür gekommen ist. Dies ist immer der Fall, wenn Sie in Ihrer jetzigen Karrierestufe erfolgreich tätig sind und keine weiteren Entwicklungsmöglichkeiten mehr haben.**

Sind in Ihrem jetzigen Unternehmen noch genügend Möglichkeiten für eine Weiterentwicklung vorhanden, sollten Sie diese vorziehen. Besprechen Sie mit Ihrer Führungskraft, wie Sie die nächste Karrierestufe erreichen können. Sind jedoch die Möglichkeiten im Unternehmen ausgeschöpft, weil alle höher bewerteten Stellen besetzt sind oder Ihr Unternehmen zu klein ist, um Ihnen Entwicklungsmöglichkeiten zu bieten, dann ist eine externe Bewerbung angebracht.

Möglichkeiten im Unternehmen prüfen

So führen Sie ein Erfolgsmonitoring durch

Mit den folgenden Fragen stellen Sie fest, ob Sie mit Ihrer Karriere auf dem richtigen Weg sind:

Zielerreichung
- Welche Karriereziele haben Sie erreicht?
- Welche Ziele müssen/sollten Sie verändern?

Vorteile der jetzigen Position
- Können Sie Ihre Stärken entfalten und weiterentwickeln?
- Können Sie sich in Ihrem Job verwirklichen?
- Welche Gestaltungsmöglichkeiten haben Sie?
- Wie gut sind Ihre sozialen Kontakte zu Ihrem Chef und zu den Kollegen?
- Welche materiellen Vorteile (Gehalt, Boni, Tantiemen) haben Sie?
- Wie attraktiv sind die Nebenleistungen (Job-Ticker, Dienstwagen, zusätzliche Altersversorgung, Zusatzversicherungen)?
- Welche Entwicklungsmaßnahmen werden Ihnen geboten?

Bilanz
- Sind Sie auf dem richtigen Weg?
- Was können Sie besser machen?
- Ist ein Stellenwechsel notwendig?

Falls Sie eine neue Stelle suchen, sollten Sie mit einem langen Suchprozess rechnen. Eine Stellensuche von einem Jahr ist keine Seltenheit. Denn es geht nicht darum, irgendeine Stelle zu finden, sondern eine, mit der Sie einen entscheidenden weiteren Schritt in Ihrer beruflichen Entwicklung machen. Sollten Sie während der Stellen-

Achtung bei Stellensuche

suche befördert werden, können Sie die Suche immer noch abbrechen. Ihre Bewerbung können Sie jederzeit zurückziehen. Solange Sie noch keinen Vertrag unterschrieben haben, stehen Ihnen alle Möglichkeiten offen.

Nutzen Sie einen Abteilungswechsel als Sprungbrett

Das größte Interesse an Ihrer Karriere hat Ihr Unternehmen. Denn Mitarbeiter, die Karriere machen (wollen), sind engagiert und motiviert. Innovativ und leistungsfähig kann ein Unternehmen nur mit exzellenten Mitarbeitern sein. Aus diesem Grund liegt es im ureigensten Interesse des Unternehmens, die Entwicklungspotentiale jedes Mitarbeiters zu fördern und zu nutzen.

Karriere-voraussetzungen

Karriere in einem Unternehmen machen Sie, wenn Sie mit Ihrem Engagement und Ihrer Initiative helfen, die Unternehmensziele zu erreichen. Mit der folgenden Checkliste können Sie Ihre Karriere-voraussetzungen überprüfen.

Checkliste „Karrierevoraussetzungen"

☐ Sie erfüllen Ihre Aufgaben korrekt und eigenverantwortlich.

☐ Als Teamplayer versuchen Sie nie, andere auszubooten. Sie stellen die gemeinsame Aufgabe in den Vordergrund und setzen Ihr Wissen und Können ein, die gemeinsamen Ziele zu erreichen.

☐ Neue Aufgaben sehen Sie als Herausforderungen, auch dann, wenn diese Aufgaben mit zusätzlichem Engagement und zeitlichem Aufwand verbunden sind.

☐ Sie sind leistungsbereit und zeigen dies, indem Sie zusätzliche Aufgaben übernehmen und effizient bearbeiten.

☐ Sie nehmen neue Aufgaben nicht deshalb an, weil Sie interessant sind oder zu finanziellen Vorteilen führen, sondern weil Sie dabei Ihre eigenen Stärken besonders gut einsetzen können.

☐ Sie übernehmen Verantwortung, indem Sie Zusagen einhalten, Befugnisse respektieren und Ihre Teamkollegen und Chefs in Ihre Entscheidungen einbeziehen.

- [ ] Sie schauen über den Tellerrand hinaus und beachten die Belange und Ziele von anderen Bereichen, Abteilungen und Teams.

- [ ] Sie stellen Ihre Kunden in den Mittelpunkt. Das ist der Maßstab bei allem, was Sie tun.

Die Rolle der Führungskräfte

Verantwortungsvolle Führungskräfte werden Ihnen Chancen eröffnen: Sie bekommen neue Aufgaben übertragen und können Ihre Kompetenz zeigen; Ihre Meinung ist bei Entscheidungen gefragt und Sie können belegen, dass Sie Probleme durchdringen und Lösungen finden; Sie bekommen wichtige Projekte übertragen und erledigen diese gewissenhaft und zeigen so Ihr Verantwortungsbewusstsein. So erkennt Ihre Führungskraft Ihre Fähigkeiten und wird auch dafür sorgen, dass Sie dabei angemessen entlohnt werden und nach einiger Zeit eine höhere Stelle angeboten bekommen.

Jedoch: Nicht immer können Sie in der eigenen Abteilung Karriere machen. Je höher Sie die Karriereleiter hinaufsteigen, umso weniger Möglichkeiten kann Ihnen Ihre Führungskraft in der eigenen Abteilung anbieten.

Innerbetriebliche Bewerbung

Innerbetriebliche Bewerbungen sind das Instrument, mit dem Sie in Ihrem Unternehmen eine neue Karrierestufe erreichen können. Dies ist zumeist mit einem Aufgabenwechsel verbunden. Sehen Sie dies eher positiv. Denn so machen Sie neue Erfahrungen, gewinnen neue Erkenntnisse und erweitern Ihre Kompetenz. Der Wechsel in eine andere Abteilung oder ein neues Tätigkeitsfeld kann auch ein ganz bewusster Schritt in Ihrer Entwicklung sein. Vielleicht verdienen Sie durch diesen Wechsel nicht sehr viel mehr, aber er kann die Voraussetzung für einen entscheidenden Karriereschritt sein.

Unternehmens-interner Stellenwechsel

Ein innerbetrieblicher Stellenwechsel ist meistens nicht mit einem sehr hohen Risiko verbunden. Denn entlassen werden können Sie nicht, wenn es nicht klappt. Interne Bewerbungsverfahren unterscheiden sich oft nicht von externen Bewerbungen. Je kleiner das Unternehmen, umso transparenter ist es für Sie, welche Aufgaben auf Sie zukommen und wie die Führungsstruktur in der neuen

Stelle ausschaut. Bei Großunternehmen ist dies schon schwieriger. Sofern Sie jedoch im gleichen Tätigkeitsgebiet bleiben, kennen Sie viele Personen, bei denen Sie sich über die Stelle informieren können. Wichtiger als bei einer externen Bewerbung ist es, auszuloten, wie hoch die Erfolgswahrscheinlichkeit ist, die Stelle zu bekommen.

Tipps für Ihren Erfolg

- Erledigen Sie Ihre Aufgaben mit Engagement und Initiative und helfen Sie die Unternehmensziele zu erreichen.
- Halten Sie sich fachlich fit, damit Sie den steigenden Anforderungen gewachsen sind.
- Wechseln Sie die Abteilung, wenn Sie in Ihrer Abteilung keine Entwicklungschancen mehr haben.

Wechseln Sie das Unternehmen, wenn Sie keine Chance mehr sehen

„Mir reicht es. Hier komme ich nicht weiter." So oder ähnlich ist das Gefühl, wenn Sie den Eindruck haben, in Ihrer Abteilung nicht gefördert zu werden, und keine Chance auf ein berufliches Weiterkommen sehen.

Unternehmenswechsel

Das muss nicht daran liegen, dass Sie Ihre Kompetenz höher einschätzen als Ihr Chef. Für ihn sind Sie der richtige Mann am richtigen Platz – während Sie sich jedoch unterbewertet fühlen. Dafür kann es objektive Gründe geben: Sie sind mit Ihrer Kompetenz aus der Abteilung herausgewachsen. Ihr Chef möchte Sie halten. Denn Sie sind einer seiner Leistungsträger, aber er kann Ihnen in der Abteilung keine bessere Position anbieten. Oder das Unternehmen ist in einer Krise und Sparprogramme schränken Beförderungsmöglichkeiten auf ein Minimum ein.

Chancen externer Bewerbungen

Eine Karriere in der eigenen Abteilung oder dem eigenen Unternehmen erreicht immer dann eine Grenze, wenn es keine Möglichkeiten gibt, Ihnen eine Ihrer Entwicklung angemessene Position anzubieten. Der Schritt aus der eigenen Abteilung oder dem jetzigen Unternehmen heraus ist deshalb ein notwendiger Karriereschritt – mit weit reichenden Konsequenzen. Eine externe Bewer-

82

bung bietet die Chance, sich beruflich weiterzuentwickeln und ein besseres Gehalt zu bekommen. Sie sammeln neue Erfahrungen, erweitern Ihre Branchenkenntnis und lernen, sich auf neue Situationen und Menschen einzustellen.

Der Schritt aus dem Unternehmen heraus ist nicht mehr rückgängig zu machen. Mit Annahme einer neuen Stelle in einem neuen Unternehmen übernehmen Sie eine neue Position, Aufgabe und Verantwortung, wobei Sie nicht sicher sein können, ob Sie die an Sie gestellten Aufgaben erfüllen können. Es hilft Ihnen wenig, wenn Sie feststellen, dass Sie lieber in der alten Position geblieben wären, um dort noch mehr Erfahrung zu sammeln. Im neuen Unternehmen haben Sie eine Schonfrist. Aber diese läuft meist nach 100 Tagen ab. Gerade neue Mitarbeiter werden besonders kritisch beobachtet und bewertet und an ihren Erfolgen gemessen.

Risiken externe Bewerbungen

Andererseits bringt es Sie auch nicht weiter, wenn Sie zu zögerlich sind und aus Angst, den Anforderungen nicht gewachsen zu sein, lieber in Ihrer alten Position verharren. Sie werden sich dann vielleicht vorwerfen, eine gute Chance nicht genutzt zu haben. Bei der Karriereentscheidung kommt es darauf an, eine gute Balance zwischen zwei Polen zu finden:

Chancen und Risiken abwägen

- zwischen der Chance, einen Karrieresprung zu machen, und dem Risiko, der neuen Aufgabe nicht gewachsen zu sein.
- zwischen der Sicherheit, die die jetzige Position bietet, und der Angst, eine Karrierechance verpasst zu haben.

Vor einer Entscheidung über einen Wechsel sollten Sie Antworten auf die folgenden drei Fragen haben:

Entscheidungsvorbereitung

- Gibt es Gründe, die einen Wechsel ratsam oder gar notwendig machen?
- Unter welchen Bedingungen ist ein Wechsel interessant?
- Passen Ihre Stärken zu den neuen Aufgaben, die Sie anvisieren?

So legen Sie Ihre Anforderungen an die neue Stelle fest

Beschreiben Sie mit Hilfe der Antworten auf die folgenden Fragen Ihre Anforderungen an die neue Stelle. Anschließend priorisieren Sie diese Anforderungen – Abbildung 8 hilft Ihnen dabei:

- Die Punkte, die für Sie sowohl eine materielle Verbesserung darstellen als auch Ihre Entwicklung positiv beeinflussen, schreiben Sie in den oberen rechten Quadranten.
- Die Punkte, die lediglich positiv für Ihre Entwicklung sind, stehen im rechten unteren Quadranten.
- Diejenigen Punkte, welche nur materielle Vorteile bedeuten, notieren Sie im linken oberen Quadranten.
- Der untere linke Quadrant sollte leer bleiben. Denn dies ist eine Stelle, die Ihnen weder materiell noch bezüglich Ihrer Entwicklung einen Vorteil bringen.

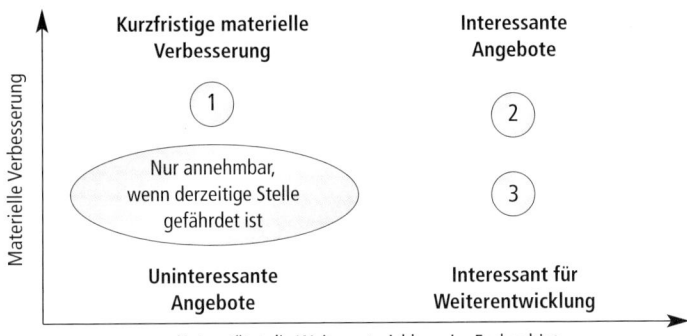

Abbildung 8: Ein Portfolio macht Ihre Prioritäten sichtbar

Beantworten Sie dazu die folgenden Fragen:

- Wie sollte die Führungsbeziehung zu Ihrem Chef aussehen?
- Welche Arbeitsinhalte wollen Sie auch im neuen Job wahrnehmen?
- Was an Ihrer Beziehung zu den Kollegen sollte im neuen Job erhalten bleiben?
- Was schätzen Sie an Ihrer jetzigen Firma?
- Welche neuen Arbeitsinhalte wollen Sie wahrnehmen?
- Wie sollte die Beziehung zu den Kollegen aussehen?
- Was wünschen Sie sich von der neuen Firma?

Eine neue Position mit interessanten und verantwortungsvollen Aufgaben und vor allem mit einem attraktiven Gehalt verleitet dazu, die eigenen Fähigkeiten zu hoch einzuschätzen. Prüfen Sie, ob Sie die geforderten Stärken wirklich haben. Suchen Sie Situationen, in denen Sie diese schon gezeigt haben. Beantworten Sie für sich die Frage: „Können die Schwächen mit einem vertretbaren Aufwand ausgeglichen werden?"

Erfolgsaussichten kritisch prüfen

Stellen Sie sich vor einem Stellenwechsel zudem folgende Fragen:
- Sind Sie für die Stelle geeignet?
- Wie groß ist die Erfolgschance?
- Wollen Sie die Konsequenzen tragen, die sich aus der Bewerbung ergeben?
- Lohnt sich das Engagement des Stellenwechsels?
- Passt das Umfeld der neuen Stelle zu Ihren Bedürfnissen?

- Wägen Sie Chancen und Risiken einer externen Bewerbung sorgfältig ab.
- Legen Sie fest, was Sie von einer neuen Stelle erwarten.
- Prüfen Sie die Erfolgsaussichten einer externen Bewerbung.

Tipps für Ihren Erfolg

Machen Sie den Karriereknick zum Karrierekick

„Durch den geplanten Zusammenschluss erhoffen sich die Firmen X und Y große Einsparungspotentiale." Eine Schlagzeile, die Zeitungsredakteure alleine durch den Austausch der Namen immer wieder verwenden können. Rein statistisch gesehen ist jeder Mitarbeiter in seinem Berufsleben zweimal von einer Fusion oder größeren Reorganisation betroffen.

Firmenzusammenschlüsse oder Firmenübernahmen gehören zum Alltag. Die Globalisierung der Märkte und der Kostendruck zwingen ehemalige Konkurrenten, gemeinsam am Markt zu agieren. Damit werden Kosten gesenkt und die vielbeschworenen „Synergiepotentiale" gehoben. Für Sie als Mitarbeiter bedeutete dies, dass sich Ihr Unternehmen verändert – und damit auch Ihr Arbeitsplatz. Darin liegen Risiken, doch durch eine Fusion ergeben sich auch Chancen für Ihre Karriere. Wie stark Sie von einer Veränderung

Veränderungen gehören zum Alltag

betroffen sind, hängt nicht so sehr davon ab, wie gut Ihre Leistungen in der Vergangenheit waren, sondern davon, welches Thema Sie bearbeiten und an welcher Stelle der Organisation Sie sich befinden.

Auswirkungen auf die Karriere

Am stärksten betroffen von Fusionen und Reorganisationen sind die Führungsebenen. Denn Ziel der Veränderung ist es, Abteilungen zusammenzulegen und Hierarchieebenen einzusparen. Experten und Spezialisten sind von Fusionen und Reorganisationen betroffen, je näher ihr Arbeitsplatz in der Umgebung der Firmenzentrale angesiedelt ist. Sie gehören also nur dann zu den Verlierern der Veränderung, wenn Sie es nicht geschafft haben, in der Phase der Veränderung einen gleichwertigen Arbeitsplatz zu behalten. Eindeutig zu den Gewinnern gehören Sie, wenn es Ihnen gelungen ist, in der Phase der Neuorientierung einen besseren Arbeitsplatz zu erhalten.

Verhalten bei Veränderungen

Lassen Sie die Veränderung nicht passiv auf sich zukommen. Sonst entwickelt sie sich zu einem Karriereknick für Sie. Es wird sicher nichts so heiß gegessen, wie es gekocht wird. Aber Sie könnten bei der Veränderung auch die Chance verpassen, Ihre Karriere ein Stück weiter nach vorne zu bringen oder zumindest eine gute Ausgangsposition für den nächsten Karriereschritt einzunehmen.

Situation analysieren

Zunächst einmal: Wie sehr sind Sie überhaupt von der Veränderung betroffen? Analysieren Sie die Informationen über die neue Organisation und versuchen Sie herauszufinden, welche Auswirkung die Veränderung auf Ihren Arbeitsplatz hat. Fusionen und Reorganisationen werden gemacht, um das Unternehmen zu optimieren. Sie sind umso stärker betroffen, je mehr Veränderungen in Ihrem Fachthema notwendig sind, um das Unternehmen effektiver und produktiver zu machen.

Strategie des Unternehmens feststellen

Wichtig für den Stellenbesetzungsprozess ist, welche Strategie das Unternehmen bei der Veränderung verfolgt. Hier gibt es drei Möglichkeiten:

Best of Both Worlds

■ *Möglichkeit 1 – Best of Both Worlds:* In diesem Fall wird das jeweils „Beste" aus beiden Firmen zusammengelegt. Das betrifft Produkte, Verfahren und Systeme – aber auch Mitarbeiter.

Ihre Reaktion: Bei dieser Fusionsstrategie müssen Sie zeigen, dass Ihr Fachthema besser ist als das des neuen Partners und Sie der beste Experte in diesem Thema sind. Gewinnen Sie hier, so wächst in der Regel die Bedeutung Ihres Themas, und damit auch der Verantwortungsbereich. Selbst wenn dies nicht mit einer Höherbewertung Ihrer Position verbunden ist, gewinnen Sie auf jeden Fall eine größere Expertise und mehr Erfahrung. Wenn Ihr Thema im neuen Unternehmen jedoch keine Bedeutung mehr hat, müssen Sie nach einer Alternative suchen. Sie können Ihre Kompetenz ausweiten und sich für ein verändertes Themenfeld profilieren oder sich auf dem Arbeitsmarkt eine andere Stelle suchen.

▨ *Möglichkeit 2 – Eingliederung:* Diese Strategie wird immer dann verfolgt, wenn ein größeres Unternehmen ein kleineres aufkauft. Die Organisation des größeren Unternehmens nimmt die Mitarbeiter des kleineren Partners auf.

Eingliederung

Ihre Reaktion: Als Mitarbeiter des aufkaufenden Unternehmens haben Sie eine gute Ausgangsposition. Thema und Arbeitsplatz bleiben Ihnen in der Regel erhalten, und die Aufgaben und die Verantwortung wachsen. Eine gute Ausgangsposition, einen nächsten Karriereschritt zu machen. Als Mitarbeiter des aufgekauften Unternehmens müssen Sie sehr schnell mit Ihrer Expertise auch bei den Führungskräften des neuen Unternehmens sichtbar werden. Betreiben Sie sehr schnell Eigenwerbung. Wenn Sie Ihre Expertise gut darstellen, wird man Ihnen eine gute Position im neuen Unternehmen anbieten. Denn mit dem Kauf eines Unternehmens will man auch die Expertise der Mitarbeiter erwerben.

▨ *Möglichkeit 3 – harmonische Lösung:* Bei einer harmonischen Lösung behalten fast alle Mitarbeiter ihren Job, allerdings oft nur vorübergehend. Denn in den folgenden Optimierungsprozessen entstehen dann neue Strukturen, die auch die Themen und Arbeitsplätze verändern.

Harmonische Lösung

Ihre Reaktion: Sie haben mehr Zeit, sich als Fachexperte im neuen Unternehmen zu positionieren, und können die Prozesse der Umorganisation nutzen, neue Entwicklungsmöglichkeiten zu finden. Beachten Sie aber: Oft werden harmonische Lösungen angekündigt, in der Realität aber sehr schnell Umorganisationen vorgenommen, um Kosten einzusparen.

Karrierestrategie bei Fusionen

Eine Fusion oder Reorganisation ist kein Grund, Ihre Karrierestrategie zu ändern. Sie ist Ihre langfristige Entwicklungsplanung. Eine Veränderung in Ihrem Arbeitsumfeld bedeutet zunächst einmal, dass Sie Ihre kurzfristigen Ziele der neuen Situation anpassen müssen. Ziel aller Maßnahmen, die Sie ergreifen, ist es, im Unternehmen zu bleiben, Ihre Stelle zu behalten oder eine gleichwertige zu bekommen oder vielleicht durch die Fusion die Chance einer Beförderung zu nutzen. Falls das Risiko besteht, dass Ihr Arbeitsplatz gefährdet ist, sollten Sie dieses Risiko durch eine externe Stellensuche abfedern.

Welche Lösung für die Fusion Ihr Unternehmen auch verfolgt – für Sie kommt es auf zwei Dinge an: erstens, dass Sie schnell mit Ihrem Thema und Ihrer Fachexpertise auch bei den neuen Führungskräften bekannt werden, und zweitens, dass Sie sich auf ein eventuelles Auswahlverfahren gut vorbereiten.

Sich für das neue Unternehmen empfehlen

Eine gute Plattform, um in den neuen Strukturen bekannt zu werden, bietet die Mitarbeit in Arbeitsgruppen oder Projekten, welche die neuen Prozesse, Strukturen und Verfahren gestalten. Hier lernen Sie viele Mitarbeiter aus dem anderen Unternehmen kennen und haben gleichzeitig durch eine engagierte Mitarbeit die Möglichkeit, sich zu profilieren. Nutzen Sie die Treffen und Arbeitssitzungen, um Kontakte aufzubauen. Präsentieren Sie die Arbeitsergebnisse, wo immer sich die Gelegenheit bietet, und sorgen Sie dafür, dass möglichst viele Ihrer Ideen in der neuen Organisation umgesetzt werden.

Kontaktnetz frühzeitig aufbauen

Knüpfen Sie so früh wie möglich Kontakte zu den Mitarbeitern des anderen Unternehmens. Suchen Sie zunächst den Kontakt zu denjenigen Mitarbeitern, welche das gleiche Thema bearbeiten wie Sie. Mit ihnen kommen Sie schnell ins Gespräch und können anschließend den Kontakt vertiefen. Dies hat noch einen weiteren Vorteil: Sie lernen die Themen, die Arbeitsweise und die wichtige Personen des neuen Unternehmens kennen.

Indem Sie sich mit Ihren Themen bekannt machen und Kontakte knüpfen, schaffen Sie sich gute Voraussetzungen dafür, im neuen Unternehmen schnell Erfolge zu erzielen. Stellen Sie sich aber darauf ein, dass Sie sich in irgendeiner Form bewerben müssen. Dies kann im einfachsten Fall ein Gespräch mit der neuen Führungskraft sein, aber auch ein mit einer Personalberatung durchgeführtes Verfahren. Verhalten Sie sich hier genau so, wie Sie es bei einer Bewerbung auf eine neue Stelle tun würden.

Schnell Erfolge erzielen

- Finden Sie heraus, inwiefern Sie von der Fusion betroffen sind und mit welcher Strategie die neuen Stellen besetzt werden. Überlegen Sie, wie Sie sich hier am besten profilieren können.
- Betreiben Sie Selbstmarketing bei den neuen Führungskräften und Networking mit Kollegen aus dem neuen Unternehmen. So schaffen Sie sich eine gute Basis, um schnell Erfolge zu erzielen und sich bekannt zu machen.
- Verhalten Sie sich in Gesprächen und Auswahlverfahren für die neue Stelle so, als würden Sie sich auf eine Stelle bewerben.

Tipps für Ihren Erfolg

4. Berufliche Entwicklung sichert eine Poolposition

„Um meine Entwicklung hat sich mein Chef zu kümmern. Er will ja, dass ich eine gute Arbeit mache. Die Personalabteilung soll mir die richtigen Lehrgänge aussuchen und das Unternehmen die Rechnung bezahlen. Alle sollten froh sein, dass ich mir in meinem Alter noch den Stress mache, etwas Neues zu lernen."

Diese Einstellung und Haltung zur beruflichen Entwicklung gibt es. Aber ist sie noch zeitgemäß? Ein klares Nein ist die Antwort. Unternehmen schaffen für ihre Mitarbeiter mehr oder weniger positive Rahmenbedingungen. Führungskräfte haben die Aufgabe, die Entwicklung ihrer Mitarbeiter zu fördern, und die Personalabteilung sorgt dafür, dass die Mitarbeiter die Entwicklung nehmen können, die sie brauchen, um im Unternehmen einen guten Job zu machen.

Versorgungs-mentalität ablegen

Die aktivste Rolle in diesem Prozess aber müssen Sie übernehmen: Es ist die Voraussetzung dafür, dass Ihre Karriere erfolgreich verläuft. Unternehmen mit einer guten Personalentwicklung bieten viele Maßnahmen an, die Sie für Ihre Karriere nutzen können. Das Spektrum reicht von sogenannten Mitarbeiterentwicklungsgesprächen, in denen Sie mit Ihrer Führungskraft geeignete Entwicklungsschritte besprechen, über Seminare und Trainings bis hin zu Potentialförderprogrammen.

Entwicklung: die eigenen Kompetenzen auf- und ausbauen

„Ich rate, lieber mehr zu können, als man macht,
als mehr zu machen, als man kann.“

BERTOLT BRECHT (1898–1956),
DEUTSCHER DICHTER

Was treibt Sie an, sich weiterzuentwickeln? Die Aussicht auf einen besser bezahlten Job, das soziale Ansehen im Unternehmen oder die Neugier, immer mehr über Ihr spezielles Fachgebiet zu wissen? Gerade der letzte Punkt ist ein großer Antreiber für Ihre Entwicklung. Fachexperten arbeiten im Idealfall an einem Thema, das sie selbst persönlich interessiert. Sie sind neugierig darauf, immer mehr zu wissen und zu können.

Ausbildung und Studium schaffen die Basis für den Einstieg ins Berufsleben. Mit dem Eintritt in ein Unternehmen ist der Lernprozess aber nicht abgeschlossen. Ja, hier beginnt erst die eigentliche berufliche Entwicklung, und damit ein ständiges Lernen. Die ersten Berufsjahre sind dabei die intensivsten Phasen, in denen Sie sich durch praktische Tätigkeit, aber auch durch Lehrgänge und Weiterbildungsprogramme das Rüstzeug für Ihre Karriere aneignen. Immer wieder wird es dann auf Ihrem Berufsweg Phasen geben, in denen Sie Wissen anwenden, aber auch Phasen, in denen Sie Ihre Kompetenz erweitern müssen. Alleine um das Karriereniveau zu halten, ist eine ständige Qualifizierung und Weiterentwicklung notwendig. Denn Ihr Arbeitsfeld entwickelt sich weiter, und um den Faden nicht zu verlieren, müssen Sie sich ständig qualifizieren und sich zu den Trends in Ihrem Themengebiet auf dem Laufenden halten.

Lebenslanges Lernen unumgänglich

Es liegt in Ihrem Interesse, sich beruflich fit zu halten. Aber auch Ihr Arbeitgeber verfolgt dieses Ziel. Er weiß, dass er nur erfolgreich sein kann, wenn er gut ausgebildete Experten um sich hat. Zur Personalführung gehört auch die Entwicklung der Mitarbeiter, auch wenn dies vielen Führungskräften nicht so bewusst ist.

Personalentwicklung nutzen

Gute Mitarbeiter als Erfolgsfaktor

Die Personalentwicklung unterstützt die Führungskräfte darin, ihre Mitarbeiter besser zu fördern. Denn erfolgreiche Unternehmen wissen, dass nicht nur Kapital, Boden und Arbeit Produktionsfaktoren sind, sondern auch das Wissen und Können der Mitarbeiter. Nur wenn Führungskräfte Mitarbeiter kontinuierlich fördern, werden diese über diejenigen Kompetenzen verfügen, die sie benötigen, um langfristig Höchstleistungen zu erbringen. Und mehr noch: Der Innovationserfolg und die Alleinstellungsmerkmale eines Unternehmens beruhen auf der Kreativität und Kompetenz der Mitarbeiter, Neues zu erfinden und mit hoher Qualität marktreif zu entwickeln.

> Entwicklung bedeutet, dass Sie Ihre Kompetenzen ausbauen und neue Kompetenzen erwerben. Damit sind Sie in der Lage, die an Sie gestellten Anforderungen besser zu erfüllen und neue Tätigkeiten zu übernehmen.

Drei wichtige Aspekte

Bei Ihrer Kompetenzentwicklung sind drei Aspekte bedeutsam: Sie vergrößern Ihr Fachwissen, erweitern Ihre methodischen Kenntnisse und bauen Ihre Soft Skills aus. Die Abbildung 9 gibt einen Überblick über diese Aspekte.

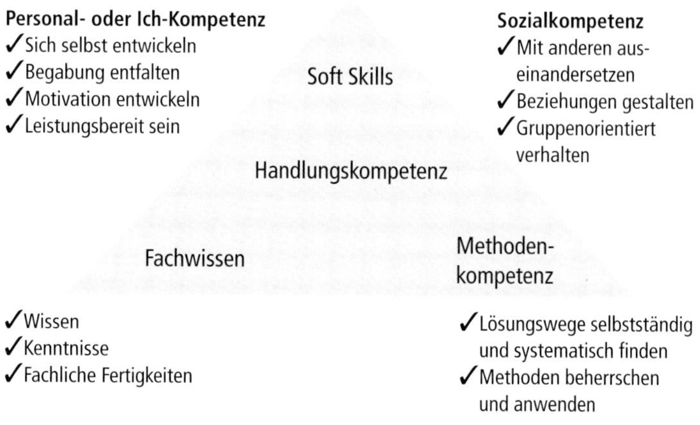

Personal- oder Ich-Kompetenz
✓ Sich selbst entwickeln
✓ Begabung entfalten
✓ Motivation entwickeln
✓ Leistungsbereit sein

Soft Skills

Sozialkompetenz
✓ Mit anderen auseinandersetzen
✓ Beziehungen gestalten
✓ Gruppenorientiert verhalten

Handlungskompetenz

Fachwissen
✓ Wissen
✓ Kenntnisse
✓ Fachliche Fertigkeiten

Methodenkompetenz
✓ Lösungswege selbstständig und systematisch finden
✓ Methoden beherrschen und anwenden

Abbildung 9: Ihre Kompetenz entwickeln Sie gleichzeitig in vier Feldern

Fachwissen entsteht dadurch, dass Sie Informationen zu bereits bestehendem Wissen hinzufügen und dies dadurch erweitern. Sie erweitern Ihr Fachwissen auch dadurch, dass Sie es auf konkrete Fälle anwenden und so neue Erfahrungen sammeln.

Zum Fachwissen gehören: Allgemeinwissen, organisatorische und betriebswirtschaftliche Fähigkeiten, IT-Wissen, Marktkenntnisse, Sprachkenntnisse, unternehmerisches Denken und Handlungskompetenz.

Fachwissen vergrößern

Ihre methodische Kompetenz zeigt sich darin, dass Sie selbstständig und systematisch Lösungswege finden und beschreiten. Der Unterschied zur Fachkompetenz liegt darin, dass Sie in der konkreten Situation nicht wissen, was Sie tun müssen, aber wissen, *wie* Sie es tun müssen, um zu einer Lösung zu gelangen.

Wichtige methodische Fähigkeiten sind: Problemlösungskompetenz, analytisches und strukturiertes Denken, Umgang mit Informationen, Erkennen von Zusammenhängen und Wechselwirkungen, systematisches und vernetztes Denken, Fähigkeit zur Konzeption, Kreativität und Innovation.

Methoden-kompetenz ausweiten

Der Begriff Soft Skills, gemeint sind die weichen Fähigkeiten, beschreibt den Gegensatz zu den sogenannten harten Faktoren, den Hard Skills – dazu zählen das Fachwissen und die methodischen Fähigkeiten. Soft Skills erwerben wir im Verlauf unsere Sozialisation, indem wir mit anderen Menschen zusammenleben und kommunizieren. Dabei entwickeln wir die Fähigkeit, uns mit diesen Menschen unabhängig von Alter, Herkunft und Bildungsstand verantwortungsbewusst auseinanderzusetzen und uns gruppen- und beziehungsorientiert zu verhalten. Dies ist unsere soziale Kompetenz. Wir entwickeln aber auch die Fähigkeit, unsere eigene Begabung, Motivation und Leistungsbereitschaft zu entfalten. Dies ist unsere Ich-Kompetenz.

Soft Skills entwickeln

Zur Sozialkompetenz gehören die Bereiche Kommunikation, Kooperation, Durchsetzung, Teamarbeit, Delegation, Konfliktaustragung und Konfliktlösung und Empathie. Zur Ich-Kompetenz gehören: Bereitschaft zur Selbstentwicklung, Selbstreflexion, Leis-

Soziale Kompetenz und Ich-Kompetenz

tung, Offenheit, Risiko, Fähigkeit zur Flexibilität, Glaubwürdigkeit, Eigenmotivation und Identitätsentwicklung.

Tipps für Ihren Erfolg

- Übernehmen Sie die Verantwortung für Ihre Entwicklung: Ausbildung und Studium sind die Voraussetzung für einen erfolgreichen Berufseinstieg. Lebenslanges Lernen ist dagegen die Voraussetzung für eine erfolgreiche Karriere.
- Entwickeln Sie sich weiter, indem Sie Ihre Kompetenzen ausbauen und neue Kompetenzen erwerben. Damit sind Sie in der Lage, die an Sie gestellten Anforderungen besser zu erfüllen und neue Tätigkeiten zu übernehmen.
- Nutzen Sie die Möglichkeiten, die Ihnen Ihr Unternehmen zu Ihrer Weiterentwicklung bietet.

Mitarbeiterentwicklungsgespräche: den Vorgesetzten für die Karriere gewinnen

„Gute Führungskräfte sprechen unsere Gefühle an. Sie wecken unsere Leidenschaft und bringen uns dazu, unser Bestes zu geben."

DANIEL GOLEMAN,
US-AMERIKANISCHER PSYCHOLOGE

„Ich lade Sie herzlich zu unserem Mitarbeiterentwicklungsgespräch ein. Wie jedes Jahr wollen wir gemeinsam besprechen, welche Entwicklungsschritte Sie im vergangenen Jahr gemacht haben, und die Entwicklungsziele für das nächste Jahr vereinbaren." So oder ähnlich laden Führungskräfte ihre Mitarbeiter zum institutionalisierten Mitarbeitergespräch ein.

Vorteile des Mitarbeiterentwicklungsgesprächs

Mit diesen Gesprächen wollen Unternehmen die Entwicklung der Mitarbeiter systematisch fördern, damit diese die für ihren Job notwendigen Kompetenzen erlangen. Nutzen Sie diese Gespräche für Ihre Karriere. Besprechen Sie mit Ihrer Führungskraft, wie Sie sich Ihre berufliche Zukunft vorstellen und was Führungskraft und Unternehmen dazu beitragen können. Von diesem Austausch profitieren beide: Sie, weil Ihre Karriere durch das Unternehmen gefördert wird, und das Unternehmen, weil es einen motivierten Mitarbeiter hat, der sich für seine Entwicklung engagiert.

> Das Mitarbeiterentwicklungsgespräch oder Personalgespräch ist ein Dialog zwischen Führungskraft und Mitarbeiter, in dem beide über den Entwicklungsstand und die Entwicklungsziele sprechen. Hier werden die Entwicklungswünsche des Mitarbeiters mit den Entwicklungsangeboten des Unternehmens abgeglichen.

Bereiten Sie das Mitarbeiterentwicklungsgespräch vor

„Es war gut, dass wir dieses Gespräch geführt haben. Jetzt sehe ich besser, wohin Sie sich entwickeln möchten und wie ich Sie dabei unterstützen kann." Wenn Ihre Führungskraft am Ende des Entwicklungsgespräches das Ergebnis so zusammenfasst, dann haben Sie ein gutes Ergebnis erreicht. Sie wissen, dass Sie auf dem richtigen Weg sind und in Ihrer Karriere unterstützt werden.

Mit dem Mitarbeiterentwicklungsgespräch können Sie Ihren Vorgesetzten aktiv in Ihre Karriereplanung einbeziehen. Nutzen Sie dessen Erfahrungen und Einschätzungen der Situation im Unternehmen für eine realistische Karriereplanung. Sie können davon ausgehen, dass Ihre Führungskraft daran interessiert ist, dass Sie eine gute Leistung zeigen und mit Engagement und großer Motivation Ihre Aufgaben erledigen. Denn sie kann ihre Ziele nur mit ihren Mitarbeitern gemeinsam erreichen.

Führungskraft in Karrierestrategie einbeziehen

Ihr Vorgesetzter kann in Ihrem Unternehmen sehr viel für Ihre Karriere bewirken. Er hat Sie in seine Abteilung geholt und setzt auf Ihre Kompetenz und Leistungsbereitschaft. Und dies nicht nur bezogen auf Ihre gegenwärtigen Aufgaben, sondern auch auf weiterführende Aufgaben, die höhere Anforderungen an Sie stellen. Er kennt Sie sehr gut und weiß, wo Ihre Stärken sind – aber er kennt auch Ihre Schwächen. Ihre Führungskraft kann Ihnen gut aufzeigen, in welchen Bereichen Sie sich noch entwickeln müssen. Vor allem kann sie Ihnen Chancen eröffnen, Fähigkeiten zu erproben.

Vorgesetzte als Karriereförderer

Die Führungskraft als Partner

In der Regel wird sich auch die Führungskraft Gedanken über Ihre Entwicklung in der Abteilung machen. Im Idealfall stimmen Ihre Erwartungen mit denen der Führungskraft überein. Indem Sie Ihre Vorstellungen mit denen Ihrer Führungskraft abgleichen, gewinnen Sie einen mächtigen Partner, der Sie bei Ihrer Zielerreichung unterstützt. Nicht zuletzt ist er der Türöffner für andere Bereiche. Seine Empfehlungen erleichtern Ihnen auch einen internen Wechsel im Unternehmen.

Gespräch gut vorbereiten

In der Regel können Sie sich darauf verlassen, dass Sie im Gespräch die Chance zu einem intensiven Dialog erhalten. Diese sollten Sie nutzen und sich gut auf das Gespräch vorbereiten. Es gibt jedoch auch den Fall, dass das Unternehmen zwar ein Mitarbeiterentwicklungsgespräch institutionalisiert hat, aber Ihre Führungskraft dieses nicht so erst nimmt oder nicht in Lage ist, ein solches Gespräch angemessen zu führen.

Eigeninitiative ergreifen

Sie können Ihrer Führungskraft helfen, indem Sie im Gespräch die Initiative ergreifen. Bereiten Sie das Ergebnis schon so weit wie möglich vor. Formulieren Sie die Entwicklungsziele und suchen Sie sich dazu die passenden Entwicklungsmaßnahmen aus den Schulungskatalogen heraus. Nehmen Sie beides möglichst in schriftlicher Form zu dem Gespräch mit.

Gesprächsverlauf planen

Falls es in Ihrem Unternehmen kein Mitarbeiterentwicklungsgespräch gibt, bitten Sie um einen Gesprächstermin. Oder verbinden Sie ein Gespräch über Ihre Entwicklung mit einem fachlichen Gesprächsthema. Voraussetzung ist jedoch immer, dass Sie gut vorbereitet sind und Ihrer Führungskraft einen konkreten Vorschlag machen können.

Entwicklung realistisch darstellen

Das Mitarbeiterentwicklungsgespräch ist ein offener Dialog und bietet Ihnen vor allem die Chance, Ihre Entwicklung positiv darzustellen. Das heißt nicht, dass Sie sich über den grünen Klee loben sollen. Weisen Sie vielmehr nach, wie schnell und zielstrebig Sie Ihr Kompetenzspektrum erweitert haben. Überlegen Sie, welche Kompetenzfelder Sie noch entwickeln müssen, um danach in der Abteilung mehr leisten zu können. Behalten Sie dabei aber Ihre langfristige berufliche Entwicklung im Blick.

Sie können die Ergebnisse der Übungen aus dem letzten Kapitel für Ihre Vorbereitung nutzen. Ihr Portfolio umfasst Ihre Themenschwerpunkte und Ihre Kompetenzen. Ihre Ziele helfen, die für Ihre Entwicklung wirkungsvollsten Maßnahmen zu identifizieren. Die Vorbereitung für ein Mitarbeiterjahresgespräch ist auch immer eine gute Gelegenheit, das Portfolio und die Ziele zu überdenken.

Portfolio und Zielkatalog nutzen

So bereiten Sie sich auf das Entwicklungsgespräch vor

Beantworten Sie die folgenden Fragen:

- Welche wesentlichen Entwicklungsschritte haben Sie im letzten Jahr gemacht?
- Inwieweit habe Sie damit Ihre Entwicklungsziele aus dem letzten Jahr erfüllt?
- Mit welchen konkreten Ereignissen können Sie diese Entwicklungsschritte untermauern?
- Wie wird Ihre Führungskraft die Entwicklung beurteilen?
- Welche Antworten können Sie ihr geben, falls die Einschätzung eine völlig andere ist?
- Welches Karriereziel wollen Sie kommunizieren?
- Welche Entwicklungsziele möchte Sie sich setzen?
- Welche Entwicklungsziele könnte Ihre Führungskraft sehen? Wie können Sie diese mit Ihren Zielen verbinden?
- Welche Entwicklungsmaßnahmen sind geeignet, diese Ziele zu erreichen?
- Wie drückt sich Ihre Eigeninvestition (Zeit oder Geld) aus?

Abbildung 10 auf der nächsten Seite zeigt, wie die einzelnen Elemente Ihrer Karriereplanung im Mitarbeiterentwicklungsgespräch zusammenspielen.

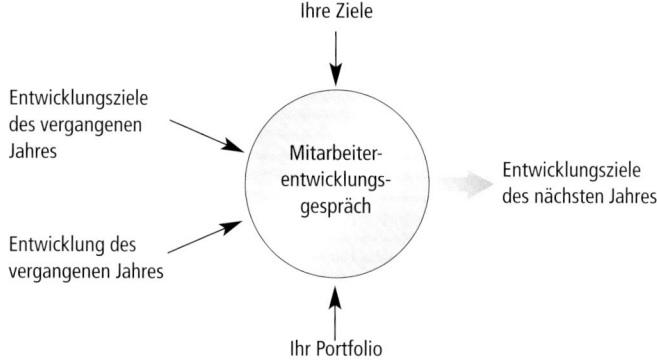

Abbildung 10: Ihre Karriereplanung bereitet Sie gut auf das Mitarbeiter-entwicklungsgespräch vor

Strukturierter Gesprächsverlauf

Das Mitarbeiterentwicklungsgespräch ist ein besonderes Gespräch zwischen Führungskraft und Mitarbeiter. Dies sollte sich auch bei der Gesprächsatmosphäre zeigen. Nimmt Ihre Führungskraft das Gespräch ernst, so hat sie Zeit dafür reserviert und vielleicht Getränke bereitgestellt. Nachdem Ihre Führungskraft Sie zum Gespräch begrüßt hat, nimmt dieses den folgenden Verlauf:

- Ein Small Talk sorgt dafür, dass eine gute Gesprächsatmosphäre entsteht.
- Sie schildern Ihren Entwicklungsstand und bekommen von Ihrer Führungskraft ein Feedback dazu.
- Mit Ihrer Führungskraft entwickeln Sie Entwicklungsziele und vereinbaren diese.
- Sie vereinbaren gemeinsam Entwicklungsmaßnahmen, mit denen diese Ziele erreicht werden können.
- Das Gespräch wird mit einem Feedback zum Gesprächsverlauf beendet.

Gesprächs-atmosphäre

Zu Beginn des Gespräches wird Ihre Führungskraft nicht gleich in das Thema einsteigen, sondern mit einem Small Talk eine angenehme Gesprächsatmosphäre herstellen. Erst nachdem Sie sich quasi „warm geredet" haben, erfolgt die Überleitung zur zweiten Phase.

Im Mittelpunkt der zweiten Gesprächsphase steht der Austausch über Ihre Entwicklung. Feedback heißt: Eine andere Person schildert Ihnen, wie sie Sie wahrnimmt, wo Ihre Stärken liegen, aber auch, in welchen Bereichen Sie noch nicht gut genug sind. In einem Mitarbeiterentwicklungsgespräch werden Sie aufgefordert, sich zunächst ein Selbstfeedback zu geben. Es ist eine Einladung an Sie, Ihre Kompetenzen und Fähigkeiten darzustellen. Berichten Sie, welche neuen Themen Sie seit dem letzten Gespräch angepackt haben, was Ihnen dabei besonders gut gelungen ist. Wenn möglich, zitieren Sie Lob und Anerkennung, die Sie von Kollegen oder Kunden erhalten haben.

Feedback geben und einholen

Bei der Schilderung Ihrer Kompetenzen sollten Sie versuchen, sie zunächst abstrakt zu benennen und dann mit konkreten Beispielen zu belegen: „Im vergangenen Jahr habe ich mehrere Präsentationen vor Führungskräften bei Kunden gehalten. Hervorheben möchte ich die Präsentation bei der Firma Neuweg. Hier waren der Geschäftsführer und alle Abteilungsleiter anwesend. Diese Präsentation hat mit dazu beigetragen, dass wir den Auftrag von der Firma Neuweg erhalten haben." Ihre Führungskraft erkennt, was Sie können. Zudem lenken Sie ihre Aufmerksamkeit auf Situationen, die für Sie positiv verlaufen sind.

Kompetenzen darstellen

Im Gegenzug wird Ihre Führungskraft Ihnen schildern, wie sie Ihre Entwicklung einschätzt. Sie wird vielleicht Situationen anders bewerten oder andere Situationen für die Bewertung heranziehen als Sie. Je konkreter Sie und Ihre Führungskraft sich an Situationen orientieren, umso besser wird es gelingen, eine gemeinsame Perspektive zu entwickeln. Ihr Vorgesetzter legt vielleicht einen strengeren Maßstab an als Sie. Für ihn muss in diesem Gespräch deutlich werden, was Sie können und für welche weiteren Aufgaben er Sie einsetzen kann.

Gemeinsame Perspektive entwickeln

Die dritte Phase des Gespräches ist auf die Zukunft ausgerichtet. Entwicklungsziele sind dann die Etappen auf dem Weg zu Ihrem nächsten Karriereschritt. Aus dieser Bestandsaufnahme werden sich Kompetenzfelder herauskristallisieren, die Sie noch entwickeln müssen. Aus der Sicht des Unternehmens stehen Kompetenzen im Vordergrund, die Sie für Ihre tägliche Arbeit benötigen. Aus Ihrer

Entwicklungsziel festlegen

Karrieresicht sind es eher diejenigen, welche Ihnen eine langfristige berufliche Entwicklung ermöglichen.

Beispiel *Entwicklungsziele werden als Kompetenzen und Fähigkeiten beschrieben, die Sie haben, wenn das Entwicklungsziel erreicht ist. Ein Entwicklungsziel könnte dann so benannt werden: „Moderieren von mehrtägigen Workshops mit Kunden". Achten Sie bei der Vereinbarung der Entwicklungsziele darauf, dass auch Ihre langfristigen Ziele Berücksichtigung finden.*

Entwicklungs-maßnahmen vereinbaren In der letzten Gesprächsphase vereinbaren Sie konkrete Qualifizierungsmaßnahmen. Führungskräfte müssen mit ihrem Bildungsbudget in der Regel sehr sparsam umgehen. Nehmen Sie darauf Rücksicht und überlegen Sie, wie Sie Ihre Kompetenzen mit möglichst geringen Kosten erweitern können. Je besser Sie Ihrer Führungskraft aber verdeutlichen können, dass die Investition in Ihre Qualifizierung gut angelegt ist, um so eher wird sie auch bereit sein, Ihnen die notwendigen Maßnahmen zu finanzieren. Denn es ist auch im Interesse des Unternehmens, dass Sie gut qualifiziert sind und gute Leistung erbringen.

Unterstützung einholen Nutzen Sie das Gespräch auch, um Unterstützung für die von Ihnen initiierten und vielleicht sogar finanzierten Entwicklungsmaßnahmen zu bekommen. Sei es in Form einer finanziellen Unterstützung, wenn Sie eine außerbetriebliche Weiterbildung besuchen, sei es in Form einer flexibleren Arbeitszeitgestaltung, um zum Beispiel als Gasthörer an einem Seminar an einer Hochschule teilzunehmen.

Tipps für Ihren Erfolg

- Ergreifen Sie die Initiative, wenn Ihre Führungskraft Sie nicht zu einem Mitarbeiterentwicklungsgespräch einlädt.
- Überlegen Sie bei der Vorbereitung, wie Sie Ihre Entwicklung positiv darstellen können und mit welchen Fakten Sie dies belegen können.
- Führen Sie das Gespräch aktiv und vereinbaren Sie konkrete Maßnahmen.

Entwickeln Sie den Dialog zum Karrieregespräch

Oft erkennen Führungskräfte nicht, welche Karrierewünsche Ihre Mitarbeiter haben. Daraus kann man Ihnen keinen Vorwurf machen. Denn Ihre Karriere ist in erster Linie Ihre Angelegenheit. Jeder Mitarbeiter muss seine Leistungen selbst in das rechte Licht rücken. Für eine Karriere in einer verantwortungsvollen Fachposition empfehlen Sie sich nur, wenn Sie Eigeninitiative zeigen. Denn in einer verantwortungsvollen Fachaufgabe müssen Sie verhandeln, sich durchsetzen und Vertrauen aufbauen. Wenn Sie diese Fähigkeiten nicht für Ihre Karriere einsetzen, wird man von Ihnen kaum erwarten, dass Sie dies in einer verantwortungsvollen Fachaufgabe tun.

Initiative zeigen

Für Unternehmen sind Mitarbeiterentwicklungsgespräche ein Instrument, die Kompetenzentwicklung ihrer Mitarbeiter im Sinne der Unternehmensstrategie zu beeinflussen. Für Sie ist es die Chance, Ihre berufliche Entwicklung auf der Basis Ihrer Karriereplanung mit Hilfe des Unternehmens zu gestalten. In der Karriereplanung haben Sie Ihren Entwicklungsweg erarbeitet und den nächsten Karriereschritt festgelegt. Darum können Sie Ihrer Führungskraft sehr genau zeigen, was Sie erreichen wollen.

Entwicklungs-gespräch als Karrieregespräch

Verdeutlichen Sie im Gespräch, wohin Sie sich entwickeln wollen. Aus den Antworten Ihrer Führungskraft sehen Sie, welche Möglichkeiten es dazu in Ihrem Unternehmen gibt. Durch den formellen Charakter dieser Gespräche ist es Ihnen möglich, die Unterstützung für Ihre Karriere verbindlich zu vereinbaren. Das heißt: Nutzen Sie das Entwicklungsgespräch für ein Karrieregespräch. Dabei sind die folgenden Punkte wichtig:

So nutzen Sie das Entwicklungsgespräch für Ihre Karriere

- Ziehen Sie Bilanz, inwiefern Sie in Ihrer Karriereplanung weitergekommen sind.
- Überlegen Sie, welche Kompetenzen Sie entwickeln wollen, und sammeln Sie Argumente, warum Sie gerade diese Kompetenzen entwickeln wollen und welchen Nutzen das Unternehmen davon hat.
- Nutzen Sie den Rückblick im Gespräch für eine positive Selbstdarstellung. Zeigen und belegen Sie, wie gut Sie sind. Lenken Sie die Aufmerksamkeit des

Gespräches auf Ihre Erfolge. Ihre Defizite wird man Ihnen auch ohne Ihr Dazutun aufzeigen.

▦ Formulieren Sie Entwicklungsziele, die in Ihre Karrierestrategie passen. Formulieren Sie sie so konkret wie möglich.

▦ Nutzen Sie das Gespräch, um eine gute Beziehung zu Ihrer Führungskraft aufzubauen oder auszubauen.

▦ Erläutern Sie auch Ihre langfristigen Ziele. Formulieren Sie diese aber immer so, dass es Ziele sind, die Sie mit dem Unternehmen gemeinsam erreichen wollen.

Das Problem der Führungskraft lösen

Sie gewinnen Ihre Führungskraft am besten für Ihre Karriereentwicklung, wenn Sie ihr helfen, *ihre* Probleme zu lösen. Versetzen Sie sich einmal in die Lage Ihres Vorgesetzten:

▦ Wissen Sie, welche geschäftlichen Probleme er zu lösen hat?

▦ Wissen Sie, in welchem unternehmenspolitischen Umfeld er agiert?

▦ Wissen Sie, welche Stellung und welchen Ruf er im Unternehmen hat?

Wenn es Ihnen gelingt, zu zeigen, dass Ihre Entwicklung dazu beiträgt, dass Ihre Führungskraft mit Ihnen die Ziele der Abteilung besser erreicht, wird sie Ihre Entwicklung und damit Ihre Karriere unterstützen.

Ausbleibende Unterstützung

Was tun, wenn Sie Ihr Chef nicht unterstützt oder unterstützen kann? Es gibt nicht nur gute Führungskräfte, sondern auch solche, die Ihrer Personalführungsaufgabe einfach nicht gewachsen sind. Führungskräfte können aber auch in Situationen geraten, in denen sie nicht viel für Ihre berufliche Entwicklung tun können, zum Beispiel dann, wenn das Unternehmen in einer Krise ist und Personal abbauen muss. Zudem kann es vorkommen, dass die Chemie zwischen Ihnen und Ihrer Führungskraft nicht stimmen. In all diesen Fällen können Sie nicht mit der Unterstützung Ihrer Führungskraft rechnen, wenn es um Ihre Karriere geht.

Verbündete suchen

Was ist zu tun? Teilen Sie der Führungskraft Ihre Vorstellungen und das, was Sie von ihr oder dem Unternehmen an Unterstützung erwarten, klar und deutlich mit. Wenn Ihr Vorgesetzter nicht darauf reagiert, versuchen Sie, Verbündete zu gewinnen. Kommunizieren Sie aktiv mit ihm und versuchen Sie nicht, ihn zu hintergehen. Kündigen sollten Sie nur dann, wenn Sie keine andere Chance mehr sehen. Prüfen Sie vor einer Kündigung die Möglichkeit, die Abteilung zu wechseln.

▓ Nutzen Sie das Mitarbeiterentwicklungsgespräch dazu, Ihre Führungskraft und Ihren Arbeitgeber für Ihre Karriere zu aktivieren. ▓ Formulieren Sie Ihre Entwicklungsziele so, dass sie in Ihre Karriereplanung passen. Verbinden Sie Ihre Karriereziele mit den Zielen der Abteilung. ▓ Versuchen Sie, Verbündete zu gewinnen, falls Sie von Ihrem Vorgesetzten nicht genügend Unterstützung erhalten.	**Tipps für Ihren Erfolg**

Qualifizierung: auf dem Weg zur neuen Kompetenz

„Es ist von grundlegender Bedeutung,
jedes Jahr mehr zu lernen als im Jahr davor."

SIR PETER USTINOV (1921–2004),
ENGLISCHER SCHRIFTSTELLER UND SCHAUSPIELER

Lebenslanges Lernen ist mehr als nur ein Schlagwort. Es gibt kein Fachgebiet, in dem nicht fast täglich Neuerungen entwickelt werden. Im Laufe Ihres Arbeitslebens ändern sich die für Sie wichtigen Techniken und Verfahren mehrmals. Gerade Experten müssen sich immer auf den neuesten Stand bringen. Mehr noch – sie sollten, je mehr sie die Karriereleiter hinaufgeklettert sind, selbst innovativ an der Erarbeitung neuer Techniken und Verfahren arbeiten.

Viele Unternehmen werben damit, dass Sie kräftig in die Qualifizierung ihrer Mitarbeiter investieren. Andererseits gerät die Personalentwicklungs- und Weiterbildungsabteilung mehr und mehr unter Kostendruck. Oft verlangen Unternehmen von den Mitarbeitern Eigeninitiative. Dabei gibt es verschiedene Formen der Investitionsteilung: Eine besteht darin, dass der Mitarbeiter die

Engagement verlangt

Zeit für die Qualifizierung ganz oder teilweise trägt, wobei die Kosten vom Arbeitgeber übernommen werden. Eine zweite, eher seltene Variante ist, dass sich der Mitarbeiter sogar an den Kosten der Qualifizierung beteiligt.

Qualifizierung ist eine Investition

Betrachten Sie Qualifizierungen als eine Investition in Ihre Karriere und verlassen Sie sich nicht darauf, dass Ihr Arbeitgeber Ihnen alle Schulungs- und Trainingsmaßnahmen bezahlt. Dies gilt vor allem für solche Maßnahmen, bei denen Sie sich grundlegende Kompetenzen aneignen.

Schließen Sie Lücken in Ihrer Ausbildung

Ein Dr. rer. nat. löst eine andere Assoziation aus als ein Dipl.-Ing. (FH), selbst wenn zwei Mitarbeiter in der Betriebshierarchie auf der gleichen Ebene stehen. Titel dokumentieren, sichtbar mit dem Namen verbunden, was man ist. Mit einem anerkannten Titel erreichen Sie, dass jemand schon beim Lesen Ihres Namens unbewusst Fachkompetenz unterstellt und positiv bewertet.

Engagement für die eigene Entwicklung

Mit Ihrer Qualifizierung sollten Sie auch Lücken in Ihrer Ausbildung schließen. Sie erwerben damit eine breitere Grundlage in Ihrem Fachgebiet und einen Titel oder ein Zertifikat. Dies hilft Ihnen, wenn Sie sich um verantwortungsvollere Aufgaben bewerben. Sie zeigen damit, dass Sie sich für Ihre Qualifizierung und Weiterentwicklung engagieren und externen Qualitätsmaßstäben gerecht werden.

Ausbildung und Zusatzausbildung

Eine Ausbildung vermittelt fundiertes Wissen in einem Fachgebiet. Sie wird an Hochschule, Fachhochschule, Business School oder Berufsakademie erworben. Die Ausbildungen sind anerkannt und schließen mit einem Titel ab. Zusatzausbildungen legen die Basis, sich in einzelnen Gebieten selbstständig Wissen anzueignen und eine eigene Kompetenz aufzubauen.

Stellen Sie nach Ihrem Einstieg in das Berufsleben fest, dass für Ihr Fachgebiet eine Zusatzausbildung sinnvoll ist, dann haben Sie mehrere Möglichkeiten, diese Ausbildung nachzuholen.

Eine Promotion ist für viele Studenten die Krönung ihres Studiums und ein Traum, dem viele noch in ihrem Berufsleben nachhängen, falls es während des Studiums nicht geklappt hat. Jedoch: Wie hilfreich ist eine Promotion für die Karriere? Der Doktortitel kann berufliche Vorteile bringen. In der beruflichen Wirklichkeit ist der Dr.-Titel jedoch kein Garant dafür, dass man schneller die Karriereleiter hinaufklettert.

Promotion: nicht immer förderlich

Er ist dann förderlich, wenn Sie in einem praxisorientierten Thema promoviert haben, das für Ihr Unternehmen interessant ist. Damit haben Sie eine unverwechselbare Fachexpertise. Zudem gilt jede Promotion auch als Indiz dafür, dass Sie zielstrebig sind und Durchhaltevermögen haben. Nicht zuletzt ist der Doktortitel ein Prestigegewinn, der insbesondere auf den höheren Karrierestufen zu Vorteilen führt.

Unverwechselbare Fachexpertise

Für viele Berufsanfänger stellt sich heute nicht so sehr die Frage, ob man promovieren will, sondern mehr die Frage: Promotion oder MBA-Studiengang? Ursprünglich war der Master of Business Administration (MBA) eine Entwicklung für Betriebswirte. Inzwischen ist er jedoch auch für andere Berufsgruppen wie Ingenieure eine wichtige Zusatzqualifikation. Ein MBA-Studiengang setzt bereits eine zwei- bis dreijährige Berufserfahrung voraus. Mit einem MBA und Ihrer Berufserfahrung steigen Ihre Aufstiegschancen insbesondere dann deutlich, wenn betriebswirtschaftliche Kenntnisse als Zusatz zur Fachqualifikation gefragt sind.

MBA: Master of Business Administration

Die Vorteile des MBA-Studiengangs liegen vor allem in dem starken Praxisbezug und der Internationalität, der Schulung von Methodenkompetenz durch interaktive und interdisziplinäre Problemstellungen und der Schulung der Soft Skills.

Vorteile des MBA

Neben Promotion und MBA gibt es noch eine dritte Möglichkeit, die Attraktivität der Ausbildung zu erhöhen: das Zweitstudium. Universitäten und Fachhochschulen bieten hier sogenannte Postgraduierten-Studiengänge oder Fernstudien an. Zweitstudien sind fast genauso aufwendig wie Promotionen oder MBA-Studiengänge.

Zweitstudien und Fernstudien

Ihr Vorteil: Sie haben ein zweites Standbein und können sich mit Ihrer zusätzlichen Kompetenz neue berufliche Chancen erschließen. Ein weiteres Studium kann auch dann notwendig sein, wenn Sie merken, dass die Erstausbildung in die berufliche Sackgasse führt und bei allen Stellen, die Sie anstreben, eine andere Fachausbildung gefordert wird.

Berufsakademien: Praxisorientierung

Berufsakademien bieten ebenfalls gute Möglichkeiten, sich grundlegend weiterzuqualifizieren. Sie gibt es für fast alle Bereiche und sie bieten ein umfangreiches Spektrum. Akademien offerieren neben Weiterbildungsprogrammen, die mit einem Titel der Akademie abschließen, auch Seminare und Lehrgänge zu Spezialthemen. Träger der Akademien sind Verbände der Wirtschaft, die Industrie oder Kommunen. Den Unterricht gestalten Professoren und Praktiker aus der Wirtschaft. Der Vorteil von Akademien ist ihre große Praxisorientierung. Die Abschlüsse und Zertifikate der Akademien sind in der jeweiligen Branche bekannt und anerkannt.

Zertifikate

In den letzten Jahren haben Zertifikate als wichtige Nachweise für eine bestimmte Qualifikation an Bedeutung gewonnen, vor allem in Bereichen, in denen Hochschulen keine entsprechenden Titel vergeben. Ein gutes Beispiel dafür ist das Projektmanagement. Hier haben sich die Zertifikate der beiden großen Projektmanagementgesellschaften Projectmanagement Institut (PMI) und Gesellschaft für Projektmanagement (GfP) etabliert.

Zertifikat: wichtig für Kunden

Der Erwerb von Zertifikaten ist eigentlich keine Qualifizierungsmaßnahme. Mit einem Zertifikat bescheinigt Ihnen eine unabhängige Stelle, dass Sie die Fähigkeit besitzen, eine bestimmte Tätigkeit auszuführen. Voraussetzung für ein Zertifikat ist der Nachweis Ihrer praktischen Tätigkeit im Themengebiet. Dabei wirkt ein Zertifikat vor allem nach außen. Denn es gibt Ihrem Arbeitgeber, aber auch Kunden mehr Sicherheit, die richtige Frau oder den richtigen Mann befördert oder mit einem Auftrag versehen zu haben. Gerade der letzte Aspekt ist für Firmen wichtig. Kunden verlangen oft, dass etwa Dienstleister für bestimmte Tätigkeiten zertifiziert sind.

Checkliste „Zusatzausbildung"

Der Erwerb einer Zusatzausbildung ist aufwendig. Die intensive Auseinandersetzung mit anspruchsvollen Themen kostet Zeit und erfordert Durchhaltevermögen. Die folgende Checkliste soll Ihnen helfen, hier die richtige Entscheidung zu treffen.

Checkliste „Zusatzausbildung"

☐ Die Zusatzqualifikation hat einen deutlichen Nutzen für Ihre Karriere.

☐ Sie erfüllen die persönlichen Voraussetzungen für die Promotion, den MBA, das Zweitstudium oder das Zertifikat.

☐ Die Zusatzausbildung lässt sich mit Ihrem Beruf vereinbaren.

☐ Sie haben in der Vergangenheit Durchhaltevermögen bewiesen.

☐ Sie haben Spaß am Lernen.

☐ Ihr Arbeitgeber unterstützt die Zusatzausbildung.

☐ Die Finanzierung ist gesichert.

☐ Ihre Familie, Freunde und Kollegen unterstützen Sie.

Tipps für Ihren Erfolg

▨ Mit einer Zusatzausbildung erwerben Sie ein fundiertes Wissen in Ihrem Fachgebiet und können es durch einen Titel oder ein Zertifikat nachweisen.
▨ Zusatzausbildungen sind dann sinnvoll, wenn Sie eine Voraussetzung für Ihre angestrebte Karriere sind oder sich Ihre Karrierechancen dadurch wesentlich verbessern.
▨ Prüfen Sie vor Ihrer Entscheidung, ob Sie die Voraussetzungen für die Ausbildung erfüllen und ob sich diese mit Ihrem Beruf und Ihrem Privatleben vereinbaren lässt.

Qualifizieren Sie sich ständig weiter

In großen Unternehmen ist die Personalabteilung für die Auswahl und das Angebot von Qualifizierungsmaßnahmen zuständig. Die Mitarbeiter dieser Abteilung beraten Sie, mit welchen der angebotenen Maßnahmen Sie Ihr Entwicklungsziel am besten erreichen können. In kleineren Unternehmen können Sie sich bei diesen Fragen an Ihren Personalreferenten wenden. Unabhängig davon, wie gut Ihre Personalabteilung ist, sollten Sie sich über die Qualifizierungsmöglichkeiten informieren.

Fehlende Kompetenzen erkennen

Eine Qualifizierungsmaßnahme entfaltet dann ihre größte Wirkung, wenn Sie Kompetenzen erwerben, die Ihnen fehlen, oder wenn Sie weitere berufliche Stärken ausbauen. Kompetenzlücken entdecken Sie, wenn es für Ihren Job Kompetenzprofile gibt, an denen Sie erkennen können, welche Kompetenz Sie benötigen. Aber auch aus Arbeitsplatzbeschreibungen und Arbeitsplatzanforderungen können Sie die erforderlichen Kompetenzen ablesen.

Qualifizierungsbedarf erkennen

Mit den folgenden Fragen ermitteln Sie Ihren Qualifizierungsbedarf:
- Welche Aufgaben erledigen Sie? Was können Sie dabei besonders gut? Wo müssen Sie hinzulernen?
- Welche Kompetenzen besitzen Sie? Welche Kompetenzen müssen Sie ausbauen?
- Was wollen Sie mit der Qualifizierung erreichen? Den Ausbau einer langfristigen grundlegenden Kompetenz oder den Erwerb von Spezialwissen für eine aktuelle Aufgabe?

Schlussfolgerungen

Aus den Antworten ergeben sich Schlussfolgerungen:
- Fehlen Ihnen Basiskompetenzen in Ihrem Karrierepfad, dann ist eine umfassende Qualifizierung zu empfehlen. Wird eine solche Qualifizierung im Unternehmen angeboten, dann ist diese die richtige. Denn hier lernen Sie nicht nur das Fachthema im Allgemeinen, sondern auch die Besonderheiten des Unternehmens kennen.
- Sie sind fachlich fit, jedoch bei der Ausbildung Ihrer persönlichen Kompetenzen haben Sie noch viele Lernfelder. Suchen Sie sich ein passendes Soft-Skill-Training.

Training oder Coaching als Unterstützung

- Sie sich fachlich und persönlich fit, aber bei einzelnen Kompetenzen haben Sie noch Entwicklungsbedarf. Suchen Sie hier gezielt ein Training, das diesen Aspekt abdeckt.
- Sie sind fit für Ihre jetzige Karrierestufe. Sie streben jetzt eine nächste Stufe an. Erwerben Sie die für diese Stufe erforderlichen Kompetenzen und übernehmen Sie Aufgaben, die höhere An-

forderungen an Sie stellen. Überlegen Sie, ob Sie sich durch Kollegen oder einen Coach unterstützen lassen sollten.

Qualifizierungen off the job

Qualifizieren können Sie sich auf unterschiedliche Weise: on the job und off the job. Off-the-job-Maßnahmen sind Seminare, Trainings oder andere Formen von Qualifizierungsveranstaltungen. Durch den Abstand vom Tagesgeschäft können Sie sich auf das Lernen konzentrieren. Der Nachteil dieser Veranstaltungen ist, dass Sie bei der Rückkehr zum Arbeitsplatz Ihre Erkenntnisse umsetzen müssen und dabei nicht auf die Unterstützung eines Trainers oder Referenten zurückgreifen können.

Impulse allein genügen oft nicht

Viele Qualifizierungsmaßnahmen setzen vor allem Impulse. Sie lernen etwas Neues kennen und bekommen Anregungen, anders als bisher vorzugehen. Durch eine zeitlich meist stark begrenzte Schulung werden Sie nicht zum Topprofi. Diese Kompetenz erwerben Sie erst, wenn Sie die gelernten Inhalte in Ihrer Praxis umsetzen.

Qualifizierungs- oder Förder- programme

In Qualifizierungs- oder Förderprogrammen erwerben die Teilnehmer umfassende Kenntnisse in einem Fachgebiet. Programme gibt es beispielsweise zur Ausbildung von Projektleitern und zur Qualifizierung zu Beratern oder Vertriebsmitarbeitern. Mit Programmen erwerben Sie eine neue Kompetenz, die Sie vielleicht auf eine höhere Karrierestufe hievt oder mit der Sie den Karrierepfad wechseln können. Programme werden oft auch angeboten, um die soziale Kompetenz zu erweitern.

Fortbildungs- veranstaltungen oder Trainings

Im Gegensatz zu den Programmen qualifizieren Fortbildungsveranstaltungen oder Trainings die Teilnehmer in einem sehr eng umgrenzten Themenfeld. Diese Veranstaltungsformen besuchen Sie dann, wenn Sie eine Kompetenz benötigen, um eine konkrete Aufgabe zu erledigen oder Ihre Kompetenz in einem Themengebiet erweitern möchten.

Qualifizierungen on the job

In On-the-job-Maßnahmen qualifizieren Sie sich, während Sie arbeiten. Beispiel für eine On-the-job-Maßnahme ist die Übernahme von neuen Tätigkeiten, bei der Sie von einem erfahrenen Kollegen beraten werden oder Unterstützung durch einen Coach oder Job-Rotation-Programme erhalten. Mentoring, also die Unterstützung durch einen erfahren Projektleiter, und kollegiale Beratung sind ebenfalls Möglichkeiten, sich on the job zu qualifizieren.

Hilfe durch den Coach

Insbesondere in höheren Positionen ist Coaching eine bewährte Methode, um sich fit für die Aufgabenstellung zu machen. Der Coach unterstützt Sie, Defizite ab- und Stärken auszubauen. Ein guter Coach hilft Ihnen durch Fragen, selbst eine Lösung zu finden, und gibt Ihnen praktische Tipps, wie Sie Ihre Arbeit verbessern können.

Job-Rotation: neue Erfahrungen sammeln

Die Idee der Job-Rotation ist ganz einfach: Sie verlassen Ihren bisherigen Arbeitsplatz und treten auf Zeit in einer anderen Abteilung, vielleicht auch im Ausland, eine neue Stelle an. Dort arbeiten Sie sich ein, erwerben neue Kompetenzen und machen Erfahrungen in einer neuen Arbeitsumgebung. Nach der Job-Rotation können Sie mit neuem Wissen und größerem Erfahrungshorizont in Ihrer Stammabteilung neue Aufgaben übernehmen. Zudem können Sie sich auf eine andere Stelle bewerben, für welche diejenigen Kenntnisse erforderlich sind, die Sie während der Job-Rotation erworben haben.

Mentoring durch Fachexperten

Mentoring ist eine aus der Führungskräfteentwicklung kommende Alternative, junge Führungskräfte zu fördern. Ziel des Mentoring ist, dass Sie durch einen erfolgreichen Fachexperten in Ihrer Entwicklung gefördert werden. An seinem Beispiel sollen Sie lernen, wie Sie sich entwickeln können. Der Vorteil des Mentoring für den sogenannten Mentee ist, dass dieser dadurch viele Kontakte zu anderen Spezialisten im Unternehmen bekommt und sozusagen in die Fach-Community aufgenommen wird.

Kollegiale Beratung

Die kollegiale Beratung ist eine eher informelle Form des gegenseitigen Lernens. Mehrere Kollegen schließen sich zusammen und bilden eine Lerngemeinschaft. Dabei profitieren die Mitglieder dieser Gemeinschaft vom Wissen und den unterschiedlichen Erfahrungen der Kollegen.

Checkliste „Bildungsanbieter"

Welcher der zahlreichen Bildungsanbieter ist der für Sie richtige? Mit der Checkliste können Sie prüfen, ob der von Ihnen ausgewählte Bildungsanbieter zu Ihrem Qualifizierungsbedarf passt.

Checkliste „Bildungsanbieter"

☐ Die Einrichtungen und ihre Dozenten sind in Fachkreisen bekannt und als qualifiziert anerkannt.

☐ Es liegt ein detaillierter Plan über das Kurs- oder Seminarangebot vor.

☐ Mit dem Kurs- oder Seminarbesuch kann Ihre Kompetenzlücke geschlossen werden.

☐ Die Methoden und Unterrichtsmaterialien sind für das Thema geeignet.

☐ Das Preis-Leistungs-Verhältnis stimmt.

▓ Analysieren Sie Ihren Kompetenzbedarf. Kompetenzprofile, Arbeitsplatzbeschreibungen oder Anforderungen an Ihre Tätigkeit liefern Ihnen hierzu Anhaltspunkte.

▓ Management und Personalabteilung unterstützen Sie dabei, die richtige Qualifizierung zu finden. Beide können Sie umso besser unterstützen, je aktiver Sie sich selbst um Ihre Qualifizierung bemühen.

▓ Nutzen Sie alle Möglichkeiten, sich weiterzubilden – off the job und on the job.

Tipps für Ihren Erfolg

Entwickeln Sie Ihre Schlüsselkompetenzen

Von Fachexperten wird gefordert, dass sie kontaktfreudig, teamorientiert und kritikfähig sind. Sie sollen Phantasie, Ausdauer und einen Sinn für die Machbarkeit von Ideen haben und sicher auftreten können. Je höher die Karrierestufe, umso wichtiger werden diese Soft Skills. Diese Fähigkeiten werden auch als Schlüsselkompetenzen bezeichnet. Und dies hat einen guten Grund:

Während Fachwissen und Methodenkompetenz immer zum Fachgebiet gehören, sind Schlüsselkompetenzen Fähigkeiten, die für jedes Fachgebiet erforderlich sind und oft darüber entscheiden, ob Sie als Fachexperte Ihr Fachwissen und Ihre Methodenkompetenz gut zur Geltung bringen können.

111

Wichtige Schlüsselkompetenzen

Die folgenden Schlüsselkompetenzen werden in den Stellenausschreibungen und Arbeitsplatzprofilen immer wieder aufgeführt: Fleiß, zielstrebiges Handeln und Ausdauer, geistige Beweglichkeit, Denken in Zusammenhängen, Problemorientierung, Durchsetzungsfähigkeit, Ergebnisorientierung, Realitätssinn, Teamfähigkeit, Kooperation und Konfliktfähigkeit, Phantasie und Kreativität, Bereitschaft zum Lernen und Selbstlernfähigkeit sowie Eigeninitiative.

Fleiß, zielstrebiges Handeln und Ausdauer

Grundlegend für die Karriere sind Ausdauer und ein langer Atem. Eine Karriere vollzieht sich Schritt für Schritt. Vor jedem Karrieresprung liegt eine Zeit der kontinuierlichen und zielstrebigen Entwicklung, während der Sie immer wieder nach Chancen suchen. Arbeitgeber erwarten von ihren Mitarbeitern diese Zielstrebigkeit. Denn sie wissen: Nur Mitarbeiter, die sich selbst entwickeln, entwickeln auch das Unternehmen weiter.

Geistige Beweglichkeit

Ihre berufliche Entwicklung wird nur in den seltensten Fällen gradlinig verlaufen. Sowohl Ihr Themengebiet wie auch Ihr berufliches Umfeld sind in einem ständigen Umbruch begriffen. Das erfordert von Ihnen geistige Beweglichkeit und bedeutet, sich immer wieder auf neue berufliche Herausforderungen einzustellen. Halten Sie nicht am Üblichen und Hergebrachten fest, wenn es sich als überholt erweist. Betrachten Sie Ihre tägliche Routine immer mit einem kritischen Blick.

Problemorientierung und Denken in Zusammenhängen

Mit Problemorientierung und dem Denken in Zusammenhängen ist die Bereitschaft gemeint, über den Tellerrand des eigenen Arbeitsgebietes hinauszublicken, Interesse an den Tätigkeiten anderer zu haben und sich in deren Arbeitsabläufe hineinzudenken. Problemorientierung bedeutet, die Probleme aus unterschiedlichen Perspektiven zu betrachten und kreativ Lösungen zu finden. Dies erreichen Sie nur, wenn Sie Arbeitsabläufe in ihren Zusammenhängen betrachten.

Ergebnisorientierung

Der Ausdruck „Beschäftigter" suggeriert, dass Sie für Ihre Anwesenheit im Unternehmen bezahlt werden. Ihr Unternehmen möchte Sie aber nicht beschäftigen, sondern erwartet von Ihnen Ergebnisse. Sie sind umso erfolgreicher, je mehr Ergebnisse Sie abliefern.

Und dies bedeutet: Sie müssen effektiv arbeiten. Die Formel dafür lautet: möglichst viele gute Ergebnisse in möglichst kurzer Zeit. Ergebnisorientiert arbeiten Sie dann, wenn Sie Wichtiges von Unwichtigem unterscheiden, Arbeitstechniken einsetzen und eine gute Zeitplanung haben.

Nicht alle Ideen an sich sind wichtig, sondern nur diejenigen, die auch umgesetzt werden. Dabei darf Umsetzungsfähigkeit nicht mit Durchsetzungsfähigkeit verwechselt werden. Es geht nicht darum, mit Gewalt die eigenen Vorstellungen durchzusetzen. Vielmehr müssen Sie durch überzeugende Argumente für Ihre Vorstellungen werben, die Unterstützung von anderen gewinnen, Entscheidungen gemeinsam mit anderen fällen und sie im Sinne des Unternehmens umsetzen.

Umsetzungs- fähigkeit

Menschen mit Realitätssinn wissen, dass es keinen Zweck hat, Dinge zu fordern, die sich nicht durchsetzen lassen. Sie wissen aber auch, dass es darauf ankommt, so viele der Vorstellungen und Ideen wie möglich durchzusetzen. Sie haben aber ein Gespür dafür, was zu einer bestimmten Zeit machbar ist und was nicht. Oft lassen sich Ideen nur dann umsetzen, wenn dies in kleinen realistischen Etappen durchgeführt wird.

Realitätssinn

Ergebnisse erzielen Sie nur dann, wenn Sie mit anderen Menschen im Unternehmen zusammenarbeiten. Ihre Menschenkenntnis und soziale Kompetenz befähigen Sie dazu, mit Ihren Kollegen und Kunden zu kooperieren. Arbeitsprozesse werden immer seltener von einzelnen Personen erledigt. Teamfähigkeit bedeutet, in einer Gruppe von Menschen mit unterschiedlichem Wissen zusammenzuarbeiten und gemeinsam ein gutes Ergebnis zu erzielen. Konfliktfähigkeit meint, dass Sie mit Ihren Kollegen auch in Situationen zusammenarbeiten, in denen Sie aufgrund Ihrer Rolle unterschiedliche Interessen haben. Ihr Arbeitgeber erwartet, dass Sie diese Konflikte konstruktiv austragen und Lösungen im Sinne des Unternehmens finden.

Teamfähigkeit, Kooperation und Konfliktfähigkeit

Phantasie und Kreativität brauchen Sie, um neue Lösungen zu entwickeln. Es ist die Fähigkeit, Bekanntes in Frage zu stellen, Ideen zu entwickeln und unbekannte Wege zu gehen. Nicht jeder Mensch

Phantasie und Kreativität

ist gleichermaßen phantasievoll oder kreativ. Jedoch lässt sich diese Fähigkeit trainieren. Denken Sie bei jeder Ihrer Lösungen immer darüber nach, ob es nicht eine andere, vielleicht intelligentere Lösung gibt.

Lernen und Selbstlernfähigkeit

Die Halbwertszeit des Wissens beträgt heute vier bis fünf Jahre. Und diese Zeit wird sich immer mehr verkürzen. Dies bedeutet, dass bereits vier Jahre nach Ihrem Berufseintritt die Hälfte Ihres Wissens überholt ist. Mit diesem Tempo müssen Sie Schritt halten. Es ist kaum noch möglich, dass Sie sich das für Ihre Tätigkeit erforderliche Wissen allein in Lehrgängen aneignen.

Menschen mit Selbstlernkompetenz können Lernprozesse anstoßen und selbst durchführen. Zu dieser Kompetenz gehören Fähigkeiten wie Denken, Problemlösen, Selbstmotivation, Zielstrebigkeit und effektive Informationsverarbeitung sowie die Fähigkeit, Lernmethoden anzuwenden. Mit einer ausgeprägten Selbstlernkompetenz kann man einen Lernstoff zielgerichtet und effektiv erfassen. Dazu gehört, dass man Lernprozesse strukturieren kann.

Eigeninitiative

Ihr Arbeitgeber sorgt zwar dafür, dass Sie die Möglichkeit haben, fachlich fit zu bleiben. Aber es liegt in Ihrer Verantwortung, dies für Ihre Karriere zu nutzen. Dabei reicht es nicht aus, die Bildungsangebote des Arbeitgebers anzunehmen. Sie selbst müssen in Ihre Qualifizierung investieren. Dies fängt damit an, dass Sie sich mit Hilfe der Fachzeitschriften und Fachliteratur auf dem aktuellen Stand der Fachdiskussion halten. Dazu gehört auch, dass Sie die Fähigkeiten und Kompetenzen erwerben, für deren Entwicklung Ihr Arbeitgeber keine Qualifizierungen finanziert.

Tipps für Ihren Erfolg

- Bauen Sie Ihre Schlüsselkompetenzen aus. So bringen Sie Ihre Fach- und Methodenkompetenz zur Wirkung.
- Entwickeln Sie vorrangig diejenigen Schlüsselkompetenzen, die in Ihrer konkreten Arbeitssituation besonders gefordert werden.

5. Mit Selbstmarketing und Networking den Marktwert steigern

Kennen Sie graue Mäuse? Graue Mäuse sind Mitarbeiterinnen und Mitarbeiter, die so gut wie nie auffallen. Sie machen einen guten Job, nur bemerkt es niemand. Sie haben sich daran gewöhnt, dass andere ihre Ergebnisse als die eigenen verkaufen. Graue Mäuse sind wie das Aschenputtel, das darauf wartet, von einem Prinzen geküsst zu werden. Dies geschieht jedoch nur im Märchen oder in Filmen. Die Realität sieht jedoch anders aus. Hier kommt es nur äußerst selten vor, dass eine graue Maus entdeckt und befördert wird.

Verlassen Sie sich nicht darauf, dass Ihr Unternehmen Ihre Qualitäten als Experte erkennt. Ganz gleich, wie gut Ihre Leistung ist: Es wird Ihnen nichts helfen, wenn diejenigen, die über Ihren beruflichen Aufstieg entscheiden, Ihre Leistungen nicht wahrnehmen. Möglicherweise heften sich sogar Kollegen oder Chefs Ihre Leistung an das eigene Revers.

Marketing macht Menschen auf die Produkte eines Unternehmens aufmerksam. Darum bedenken Sie: Als Experte müssen Sie wie ein kleiner Unternehmer handeln. Es genügt nicht, dass Sie gut sind. Ihre Begabungen müssen von Ihrem Vorgesetzten und von Führungskräften und Mitarbeitern in anderen Abteilungen wahrgenommen werden. Karriereexperten haben herausgefunden, dass Erfolg zum überwiegenden Teil davon abhängt, wie viel Aufmerksamkeit der Vorgesetzte seinen Mitarbeitern widmet. Selbstmarketing unterstützt Sie dabei, dass Sie andere dazu bringen, lobend über Sie zu sprechen.

Karriereförderer Marketing

Karriereförderer Networking

Es kommt nicht nur darauf an, dass Sie etwas leisten, sondern Sie müssen auch eine Beziehung zu den Menschen aufbauen, die Ihnen bei Ihrer beruflichen Entwicklung helfen können. Dabei hilft das sogenannte „Vitamin B" – und das hat nichts Anrüchiges an sich. Im Gegenteil: Es zeigt, dass Sie über die richtigen Kontakte verfügen und diese auch für Ihr Fortkommen nutzen können. Dazu brauchen Sie die Fähigkeit, sich ein persönliches Netzwerk von Beziehungen mit anderen Menschen aufzubauen. Ein wichtiges Instrument hierzu ist Networking.

Selbstmarketing: So gewinnen Sie Profil

„Tue Gutes und rede darüber."

Volksweisheit

Haben Sie den Eindruck, dass Ihre Chefs Sie unterschätzen oder Ihre Leistung nicht genügend zur Kenntnis nehmen oder Ihnen nicht zutrauen, anspruchsvollere Aufgaben zu übernehmen? Jammern und sich über die ungerechte Behandlung zu beklagen – das sind hier die schlechtesten Alternativen. Es ist Ihre Verantwortung, daran etwas zu ändern. Die Lösung dafür heißt Selbstmarketing.

Marketing

Marketing beruht auf folgendem einfachen Grundgedanken: Unternehmen sind dazu da, die Wünsche des Kunden zu erfüllen. Je besser sie dies tun, umso erfolgreicher sind sie. Marketing ist die Kunst, die Leistung des Unternehmens so darzustellen, dass der Kunde genau das findet, was er braucht.

Selbstmarketing und Karriere

Übertragen auf das Marketing Ihrer Karriere bedeutet dies: Ihr Produkt sind Ihre Expertise und Ihre Arbeitskraft. Gerade Fachexperten bezahlt das Unternehmen nicht nur für das, was sie tun, sondern zum Teil auch für das Know-how, das sie besitzen. In den meisten Fällen können und wissen Sie mehr, als das Unternehmen braucht. Konzentrieren Sie Ihr Selbstmarketing auf die Fähigkeiten und Kenntnisse, die für das Unternehmen von Bedeutung sind.

Durch Selbstmarketing ziehen Sie die Aufmerksamkeit von Personen im Unternehmen auf sich, die Einfluss auf Ihre Karriere haben können. Sie zeigen, dass Sie die Anforderungen des Unternehmens erfüllen und was darüber hinaus für das Unternehmen attraktiv sein könnte.

Mit Selbstmarketing können Sie einen Prozess in Gang setzen, der Ihre Karriere im Unternehmen positiv beeinflusst. Ihre Karriere könnte dann den folgenden Verlauf nehmen:

Erfolgsspirale in Gang setzen

Sieben Gründe für professionelles Selbstmarketing

1. Sie leisten überdurchschnittlich gute Arbeit, haben Erfolge und werden von Ihrem Vorgesetzten, den Kollegen und Kunden positiv wahrgenommen.
2. Sie unterstützen die Wahrnehmung im Unternehmen durch das Marketing Ihrer Erfolge, indem Sie diese in Wochenberichten, Präsentationen und durch die Beteiligung an internen Netzwerken herausstellen.
3. Ihr Vorgesetzter nimmt Sie als Experten wahr und überträgt Ihnen anspruchsvolle Aufgaben, die Sie vor anderen Kollegen herausheben. Sie werden wichtig für die Abteilung und auch zu Meetings mit Entscheidern hinzugezogen. So erhalten Sie wiederum eine Plattform, sich als Experte zu präsentieren.
4. Sie werden bei Ihren Aufgaben mehr unterstützt. Denn Ihr Vorgesetzter kann mit Ihren Erfolgen ebenfalls sein Team positiv herausstellen. Außerdem möchte er beweisen, dass er mit Ihnen die richtige Wahl getroffen hat.
5. Mit diesem Rückenwind meistern Sie auch schwierigere Aufgaben. Sie werden bekannt als Experte, und dies nicht nur in der eigenen Abteilung, sondern im ganzen Unternehmen.
6. Sie entwickeln sich damit fachlich, aber vor allem auch persönlich. Ihr Selbstbewusstsein steigt, und mit dem gewachsenen Selbstbewusstsein bewältigen Sie noch anspruchsvollere Aufgaben.
7. Ihr Ansehen wächst. Wenn es darum geht, eine wichtige Aufgabe zu übernehmen, fällt Entscheidern zuerst Ihr Name ein. Denn sie wissen, dass man mit Ihnen „auf Nummer sicher geht", wenn es schwierig wird.

117

Abbildung 11 zeigt, wie die Selbstmarketingspirale wirkt.

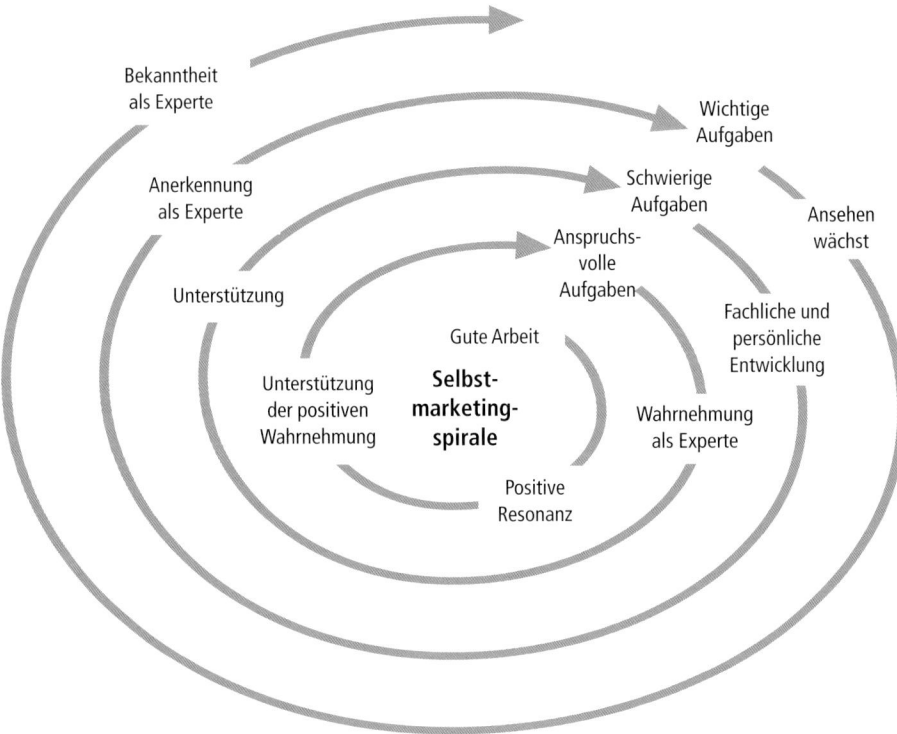

Abbildung 11: Selbstmarketing verstärkt gute Arbeit, macht Erfolge sichtbar und macht Sie als Experten bekannt

Kompetenzen und Unternehmensausrichtung verknüpfen

Selbstmarketing beginnt damit, seine Fähigkeiten und die eigenen Erfolge darzustellen. Erst wenn Sie Ihre Fähigkeiten und Erfolge selbst benennen können, sind Sie in der Lage, diese auch anderen Menschen zu vermitteln. Ihre Fähigkeiten und Erfolge haben Sie bereits bei der Karriereplanung ermittelt und in Ihrem Portfolio zusammengestellt. Beim Selbstmarketing kommt es darauf an, diese bewusst auf die Themen auszurichten, die für Ihren Chef und Ihr Unternehmen wichtig sind.

Um immer wieder auf Ihre Fähigkeiten und Erfolge zurückgreifen zu können, erstellen Sie am besten ein Basisprofil, also ein Aushängeschild für Ihre berufliche Qualifikation. In ihm porträtieren Sie sich selbst mit den wichtigsten Daten und Merkmalen. Wie Sie sich hier präsentieren, entscheidet darüber, wie Sie wahrgenommen werden. Profile brauchen Sie in Ihrem beruflichen Leben immer wieder. Sie benötigen Sie für Bewerbungen, aber auch, wenn Sie bei Kunden als Projektleiter oder Consultant einen Auftrag akquirieren. Sinnvoll ist es, das Basisprofil so anzulegen, dass Sie es leicht aktualisieren und modifizieren können.

Basisprofil erstellen

So erstellen Sie ein Basisprofil

- *Name und Bild:* Ein Bild unterstützt immer die erste Wahrnehmung. Lassen Sie Bilder deshalb immer von einem Profi anfertigen. Je besser das Bild Ihre Persönlichkeit trifft, umso mehr unterstützt es Ihr Profil.
- *beruflicher Hintergrund:* Schulbildung, Abschlüsse von Universitäten, Berufsausbildungen und die wichtigsten Stationen des Arbeitslebens vermitteln ein Bild Ihrer beruflichen Schwerpunkte.
- *Fachgebiete:* Beschreiben Sie hier Ihre Fachgebiete und Schwerpunktthemen. Damit konkretisieren Sie Ihren fachlichen Hintergrund und stellen Ihre Einmaligkeit heraus. Führen Sie hier nur die Themen an, in denen Ihre Kompetenz über dem Durchschnitt Ihrer Kollegen liegt. So schärfen Sie Ihr Profil.
- *Anforderungen:* Beschreiben Sie, welche Anforderungen Sie in Ihrem Berufsleben erfüllen können. Dies sind die, die Sie bereits ausgeführt haben, und die Verantwortung, welche Ihnen dabei übertragen wurde.
- *Methodenkenntnisse:* Die Methodenkenntnisse geben insbesondere wieder, wie Sie mit Problemstellungen und neuen Aufgaben umgehen. Hier beschreiben Sie, welche fachlichen und überfachlichen Methoden Sie beherrschen.
- *persönliche Fähigkeiten:* Ihre soziale Kompetenz zeigt sich daran, wie Sie in den folgenden Situationen handeln: Wie gehen Sie mit Kunden um, wie kooperativ sind Sie? Wie gehen Sie mit Komplexität und Veränderungen um? Wie teamfähig sind Sie?
- *Interessen:* In den Interessen zeigt sich Ihre Vielfältigkeit. Sie geben die Richtung an, in die Sie sich entwickeln wollen. In den Themen, die Sie unter „Interessen" angeben, müssen Sie kein Experte sein, aber zumindest das Potential haben, sich zum Experten zu entwickeln.

■ *Einzigartigkeit:* Beschreiben Sie möglichst in einem Satz, was Sie einzigartig macht. Die Beschreibung sollte bildhaft sein, damit die Entscheider sie sich leicht einprägen können.

■ *Referenzen:* Was macht Ihre Erfolge aus, und wie beurteilen andere Ihre Erfolge? Fragen Sie Auftraggeber und Kollegen, ob Sie sie als Referenz anführen dürfen.

■ *Kontaktdaten:* Stellen Sie Ihre Kontaktdaten zusammen. Dazu gehören Telefonnummer, Postanschrift und E-Mail-Adresse.

Werbebroschüre für Ihre Karriere

In den verschiedenen Phasen Ihres Berufslebens müssen Sie immer wieder darstellen, was Sie qualifiziert und warum gerade Sie sich für höhere Aufgaben oder eine neue Stelle empfehlen. Ein Hilfsmittel für eine gute Selbstdarstellung ist eine Selbstpräsentation, die Sie in verschiedenen Varianten immer wieder einsetzen können. Sie wirkt wie eine Werbebroschüre und ist eine kurze, aussagekräftige Darstellung Ihrer Person und Ihrer Kompetenzen.

Nutzen der Selbstdarstellung

Eine Selbstdarstellung benötigen Sie in schriftlicher oder mündlicher Form in den folgenden Situationen:

■ Vorstellungsrunden in Besprechungen und Workshops,
■ Vorstellung bei wichtigen Personen im Unternehmen,
■ Vorstellung bei einem neuen Vorgesetzten,
■ im Bewerbungsprozess und
■ bei Kunden.

Positiv darstellen

Setzen Sie sich bei der Selbstdarstellung nicht in ein ungünstiges Licht. Stellen Sie sich ruhig positiv dar. Heben Sie alle beruflichen Erfahrungen, Fähigkeiten und Kenntnisse hervor, die für Ihre jetzige berufliche Situation wichtig sind, und erzählen Sie Ihre berufliche Entwicklungs- und Erfolgsstory.

Tipps für
Ihren Erfolg

▨ Durch Selbstmarketing ziehen Sie die Aufmerksamkeit auf sich und setzen damit eine Erfolgsspirale in Gang.

▨ Erstellen Sie ein persönliches Basisprofil. Dies ist Ihr Aushängeschild, mit dem Sie sich mit Hilfe der wichtigsten Informationen zu Ihrer Person beschreiben, und das wiedergibt, was Sie können.

▨ Entwickeln Sie eine Selbstdarstellung, in der Sie den roten Faden Ihrer beruflichen Entwicklung aufzeigen. Stellen Sie sich positiv dar und belegen Sie Ihre beruflichen Erfolge mit Fakten.

Kommunikationsstrategie: Entscheider für sich gewinnen

„Die Menschen glauben das, was sie wünschen."
GAIUS JULIUS CAESAR (100–44),
RÖMISCHER FELDHERR UND STAATSMANN

Das Erfolgsgeheimnis des guten Marketings lautet: „Das Produkt ist gut und man ist von ihm überzeugt." Für Ihr Selbstmarketing heißt dies: „Sie sind qualifiziert und haben die für Ihr Fachgebiet erforderlichen Kompetenzen. Und Sie sind selbstbewusst genug, dies auch zu wissen." Sie sollten sich nicht verstellen und eine Kompetenz vortäuschen, die Sie nicht besitzen. Aber Sie müssen auch dafür sorgen, dass diejenigen, die über Ihren beruflichen Erfolg entscheiden, Ihre Kompetenz wahrnehmen. Gestalten Sie Ihre Kommunikationsstrategie so, dass Sie die Menschen, die über Ihre Karriere mitentscheiden, gut erreichen.

Entscheider und
deren Berater

Über Ihre Karriere entscheiden zuallererst Ihre Vorgesetzten. Nicht nur die direkten, sondern vor allem die Vorgesetzten Ihres Vorgesetzten. Denn diese entscheiden nicht nur über Ihre Beförderung in der Abteilung, sondern können Ihnen auch Positionen über die Abteilungsgrenzen hinweg eröffnen. Es reicht deshalb nicht, wenn Sie in der Abteilung bekannt sind. Ihre Bekanntheit in der gesamten Organisation ist genauso wichtig.

> Neben den Vorgesetzten Ihres Vorgesetzten entscheiden auch die sogenannten Berater Ihres Vorgesetzten mit über Ihre Karriere. Dies sind Assistenten, einflussreiche Personen, anerkannte Mitarbeiter und Sekretärinnen. Sie wirken als Multiplikatoren, weil Führungskräfte sich immer wieder bei dieser Personengruppe Rat holen.

Verschiedene Kommunikations- kanäle

Bei Ihrem Selbstmarketing müssen Sie sich vor allem auf drei Zielgruppen konzentrieren: Ihre Führungskraft, dessen Vorgesetzte und dessen Berater. Für Ihre Kommunikationsstrategie sind die Kommunikationskanäle wichtig, auf denen Sie diese Personen erreichen.

Stellen Sie sich die Fragen:

- Wie informiert sich Ihre Führungskraft?
- Wie informieren sich die Führungskräfte der nächsthöheren Ebene?
- Auf welche Weise informieren sich die Berater Ihrer Führungskräfte?

Jede Person hat dabei ihre eigenen bevorzugten Informationskanäle. Viele informieren sich mündlich in Team- oder Abteilungsmeetings, andere über Wochenberichte und wieder andere durch Memos und in Gesprächen in der Kantine. Jeder achtet dabei auf andere Dinge. Die einen wollen sachliche Berichte, andere nur über Probleme informiert werden. Wieder andere achten nur auf Erfolgsmeldungen und nehmen Mitarbeiter nur dann wahr, wenn sie möglichst oft von deren Erfolgen hören.

So ermitteln Sie Ihre Kommunikationskanäle

Beobachten Sie die Zielgruppe für Ihr Selbstmarketing:

- An welchen Meetings nehmen die Entscheider und ihre Berater teil?
- Welche Berichte liest Ihre Führungskraft und welche lesen deren Vorgesetzte?
- Wer sind Multiplikatoren und über welche Kanäle informieren diese sich?
- Welche Art von Information wird bevorzugt?
- Mit welchen Informationen können Sie eine positive Wirkung erzielen?

▩ Beobachten Sie, welche Personen die Entscheider um sich scharen. Auch diese gehören zur Zielgruppe, die für Ihr Selbstmarketing von Wichtigkeit ist.

Stellen Sie diese Informationen in einer Liste zusammen. So erkennen Sie schnell, welches die wirksamsten Informationskanäle und Informationsarten sind. Daran erkennen Sie, wie und über welche Kanäle Sie am wirkungsvollsten Ihr Selbstmarketing betreiben sollten.

Im Selbstmarketing sind nicht nur die Kommunikationswege wichtig, sondern auch die Botschaften, die Sie Ihren Entscheidern vermitteln. Im Folgenden sind einige Möglichkeiten zusammengestellt, wie Sie positive Botschaften über sich verbreiten können:

Erfolgsfaktoren für die Selbstdarstellung

▩ *Sprechen Sie über positive Themen:* Bei Ihren Gesprächspartnern lösen Sie dann positive Reaktionen aus, wenn Sie von Erfolgen bei Kunden und guten Geschäftszahlen berichten, wenn Sie über technische Neuerungen oder Innovationen im Fachgebiet sprechen und aufzeigen, welche Chancen dies für die Produkte und Dienstleistungen des Unternehmens hat oder wie das Unternehmen davon profitieren kann. In solchen Gesprächen bauen Sie eine Beziehung zu Entscheidern oder ihren Beratern auf. Diese Personen erleben Sie so als angenehmen Gesprächspartner. Und indirekt vermitteln Sie, dass Sie kompetent, interessiert und engagiert sind.

▩ *Verlässlichkeit* zeigen Sie dadurch, dass Sie Arbeitsergebnisse pünktlich abgeben und sich an Absprachen halten. Die meisten Chefs schätzen verlässliche Mitarbeiter, weil sie immer auf sie zählen können.

Verlässlichkeit beweisen

▩ *Zeigen Sie Initiative:* Sie können Vorschläge für Verbesserungen machen, Ideen für Produkte und Dienstleistungen entwickeln oder Ihre Hilfe anbieten, wenn Engpässe und Probleme auftreten.

▩ *Greifen Sie zu*, wenn anspruchsvolle Projekte oder Aufgaben verteilt werden. Sie zeigen damit Selbstvertrauen und dass Sie bereit sind, auch Risiken einzugehen. Übernehmen Sie aber nur dann neue Aufgaben, wenn Sie sich sicher sind, dass Sie diese auch bewältigen können.

Verantwortung übernehmen

■ *Lassen Sie Ihre Lernbereitschaft erkennen:* Bei Misserfolgen und Fehlern sollten Sie deutlich machen, wie Sie diese künftig verhindern werden. Wehren Sie sich nicht gegen Kritik. Diese wird nur noch heftiger geäußert, wenn Sie widersprechen. Ziehen Sie Schlüsse aus der Kritik und verändern Sie die Dinge, die zur Kritik geführt haben. Kritik wird nicht immer offen geäußert. Auch verdeckte Kritik und diplomatische Anspielungen können Hinweise sein, dass Sie etwas verändern sollten.

Sozialkompetenz zeigen

■ *Achten Sie auch auf die Umgangsformen* und die ausgesprochenen und unausgesprochenen Regeln im Umgang miteinander. Nutzen Sie den Small Talk, um Beziehungen aufzubauen, vor allem bei informellen Gesprächen.

■ *Zeigen Sie Ihre analytischen Fähigkeiten:* Anerkannte Experten zeichnen sich dadurch aus, dass sie Themen analysieren und das Ergebnis kurz, prägnant und präzise vermitteln können. Konzentrieren Sie sich dabei auf das, was Ihre Zuhörer interessiert.

■ *Arbeiten Sie effektiv:* Mit einer effektiven Arbeitsweise erwerben Sie sich den Ruf eines Experten, der sich auf die wesentlichen Dinge konzentriert und sich nicht in den Details des Themas verliert. Arbeiten Sie auch so, dass Sie mit der regulären Arbeitszeit auskommen. Nur dann erwerben Sie sich das Vertrauen, das Sie auch noch mehr verkraften können. Wenn Sie schon am Limit arbeiten, wird man eher zurückhaltend sein, Ihnen neue Aufgaben zu übertragen.

Konfliktfähigkeit belegen

■ *Je anspruchsvoller die Aufgabe,* umso größer die Wahrscheinlichkeit, dass so Konflikte in der Organisation entstehen. Zeigen Sie, dass Sie gut mit Konflikten umgehen können. Vertreten Sie Ihren Standpunkt energisch, aber kompetent und bleiben Sie in der Sache sachlich und ruhig. Zeigen Sie sich als Experte stets bemüht, die sachliche Lösung in den Vordergrund zu stellen.

■ *Zeigen Sie Ihre Zielstrebigkeit:* Machen Sie den Entscheidern und deren Beratern deutlich, dass Sie im Unternehmen aufsteigen wollen.

Den Chef überzeugen

- Laden Sie die Entscheider ein, wenn Sie Ihre Ergebnisse präsentieren.
- Informieren Sie über die Fortschritte und Erfolge Ihrer Arbeit.
- Sprechen Sie mit Ihrer Führungskraft auch über informelle Themen. Überlegen Sie, wann und wie Sie mit ihr informell in Kontakt kommen können: in der Mittagspause? Auf dem Weg zum Parkplatz? In der Kaffeeküche? Bei Feierlichkeiten wie Geburtstagen oder Jubiläen?
- Sprechen Sie die Personen aktiv an. Dabei sollten Sie sensibel dafür sein, ob eher geschäftliche Themen oder eher Small Talk angesagt ist.
- Interessieren Sie sich auch für die Erfolge Ihrer Chefs. Auch sie brauchen Anerkennung!

Sich in Erinnerung rufen

Selbstmarketing ist insbesondere dann wichtig, wenn Sie in der Organisation noch nicht bekannt sind. Investieren Sie deshalb in Ihr Selbstmarketing, wenn Sie eine neue Stelle angetreten haben oder die Organisation verändert wurde und Sie mit neuen Vorgesetzten zu tun haben. Je bekannter Sie sind, umso leichter fällt Ihnen das Selbstmarketing. Aber auch dann sollten Sie es aktiv betreiben, damit Sie nicht in Vergessenheit geraten.

Tipps für Ihren Erfolg

- Konzentrieren Sie sich beim Selbstmarketing auf die wichtige Zielgruppe Ihrer Vorgesetzten. Vergessen Sie deren Berater nicht.
- Erstellen Sie eine Kommunikationsanalyse, aus der hervorgeht, über welche Kanäle Ihr Selbstmarketing am wirkungsvollsten verläuft.
- Vermitteln Sie positive Botschaften über sich und erwerben Sie sich den Ruf eines angenehmen Gesprächspartners.

Veröffentlichungen & Co.: Selbstmarketing durch unternehmensexterne Aktivitäten

„Man muss das Publikum zu sich heraufholen;
man darf nicht zu ihm hinuntersteigen."

GUSTAF GRÜNDGENS (1899–1963),
DEUTSCHER SCHAUSPIELER UND REGISSEUR

„Der Prophet gilt nichts im eigenen Land" ist ein viel zitierter Satz unter Mitarbeitern, wenn ihre Vorschläge und Konzepte ignoriert werden oder wenn ihre Traumstelle mit einem Externen besetzt wird. Nutzen Sie diese Tatsache für sich und werden Sie zu einem Propheten im fremden Land! Nutzen Sie Chancen außerhalb Ihres Unternehmens, um Vorträge zu halten, Fachbeiträge zu veröffentlichen, Lehraufträge durchzuführen oder sich vielleicht sogar als Autor eines Fachbuchs zu profilieren.

Ziele der „Pressearbeit" Mit Ihren unternehmensexternen Aktivitäten verfolgen Sie drei Ziele: Erstens werden Sie in den einschlägigen Fachkreisen bekannt, zweitens ist dies immer auch eine Werbung für Sie in Ihrem Unternehmen, und drittens ist eine Veröffentlichung oder ein Vortrag auch immer eine gute Referenz, wenn Sie sich für eine Stelle bewerben.

Vorträge und Veröffentlichungen Das Selbstmarketing mit Hilfe externer Aktivitäten beginnt bereits dann, wenn Sie Ihrer Führungskraft davon erzählen. Dies ist einerseits Ihre Pflicht, denn Sie müssen diese Aktivitäten vom Unternehmen genehmigen lassen. Andererseits vermitteln Sie damit eine Botschaft: „Ich bin auch außerhalb des Unternehmens ein anerkannter Experte."

So nutzen Sie Vorträge oder Aufsätze

- Erzählen Sie von Ihrem Vorhaben möglichst vielen Kollegen.
- Verteilen Sie Veranstaltungsankündigungen oder die Veröffentlichung an die Entscheider und deren Berater.
- Versuchen Sie zu erreichen, dass interne Medien darüber berichten.
- Nutzen Sie Ihre externen Aktivitäten, um damit im Mitarbeiterentwicklungsgespräch Ihre Kompetenz zu untermauern.

- Erstellen Sie eine Veröffentlichungsliste, die Sie Bewerbungen beifügen können.
- Erwähnen Sie die Veröffentlichung in Skill-Datenbanken oder Yellow Pages, falls es diese Einrichtungen in Ihrem Unternehmen gibt.
- Erzählen Sie in informellen Gesprächen, wie Sie zum Vortrag oder der Veröffentlichung gekommen sind. Diese Informationen sind vielleicht auch für Ihre Kollegen interessant.

Zeigen Sie durch externe Aktivitäten, was Sie können

Ihr Wissen ist auch für Veranstalter von Tagungen, Kongressen, für Bildungsanbieter, Berufsakademien und Hochschulen interessant. Fachzeitschriften und Verlage sind ständig auf der Suche nach neuen interessanten Themen aus der Praxis. Dieses Interesse können Sie nutzen, um zu zeigen, was Sie können. Für das Selbstmarketing bieten sich folgende Aktivitäten an:

Veranstalter suchen immer wieder Referenten, die über ein interessantes Fachthema berichten können und damit den Teilnehmer auf ihren Veranstaltungen Impulse geben. Praxisvorträge sind hier beliebt, denn sie stellen ein Thema nicht nur theoretisch dar, sondern zeigen, wie die Theorie in der Praxis angewendet wird. Veranstalter warten gerne mit Referenten aus Unternehmen auf, weil diese etwas bieten können, über das die Mehrzahl der anderen Referenten nicht verfügt: Erfahrungen, aus denen man lernen kann.

Vorträge halten

Lehrgänge und Workshops haben neben dem Selbstmarketing noch einen weiteren Vorteil: Sie zwingen Sie, sich mit einem Ihrer Spezialthemen aus einer anderen Perspektive auseinanderzusetzen, indem Sie es didaktisch aufbereiten müssen. Damit durchdringen Sie es auf eine ganz andere Weise und sind in der Lage, es ihren Vorgesetzen, Mitarbeitern aus anderen Abteilungen oder Kunden besser zu erklären.

Lehrgänge und Workshops durchführen

Lehrgänge und Workshops sollten Sie dann durchführen, wenn Sie ein Talent haben, selbst komplizierte Inhalte leicht verständlich zu vermitteln. Erfolgreich sind Sie mit Fortbildungsveranstaltungen dann, wenn zwei Dinge zusammenkommen: ein exzellentes Fachwissen und eine verständliche Darstellung.

Artikel veröffentlichen

Fachzeitschriften leben davon, die Fachöffentlichkeit über Trends, Ideen und Erfahrungen zu informieren. Die meistgelesensten Beiträge sind diejenigen, bei denen die Umsetzung von Innovationen in der Praxis geschildert und konkrete Tipps gegeben werden.

Durch Vorträge und Veröffentlichungen werden Sie nicht nur in der Fachöffentlichkeit bekannt, sondern auch in Ihrem Unternehmen. Denn einerseits lesen Führungskräfte und Mitarbeiter Ihres Unternehmens diese Fachliteratur, andererseits sind die meisten Unternehmen auch daran interessiert, dass Ihre Mitarbeiter ein positives Image nach außen vermitteln. Es ist auch ein Teil ihrer Imagewerbung.

Im Internet Präsenz zeigen

Fast jede Fachcommunity hat eine Plattform im Internet. Dort diskutieren Fachleute über ihre Themen in Chats oder Foren. Mit Ihren Beiträgen werden Sie so in der Fachcommunity bekannt. Herausheben möchte ich bei den Internetplattformen zwei Möglichkeiten: Wikipedia und Businessblogs.

Online-Enzyklopädie

Ein Wiki, auch WikiWiki und WikiWeb genannt, ist eine im World Wide Web verfügbare Sammlung von Internetseiten. Das bekannteste Wiki ist die Wikipedia. Es ist eine von ehrenamtlichen Autoren verfasste, mehrsprachige, freie Online-Enzyklopädie. Bisher haben international etwa 214.000 angemeldete Benutzer und eine unbekannte Anzahl anonymer Mitarbeiter Artikel zum Projekt beigetragen. Mehr als 7.000 Autoren arbeiten regelmäßig an der deutschsprachigen Ausgabe mit. Die Qualität der Wikipedia ist inzwischen anerkannt und Autor in der Wikipedia zu sein eine Referenz.

Digitales Tagebuch im Internet

Ein Weblog, oder kurz Blog, ist ein digitales Tagebuch im Internet. Weblogs zu businessrelevanten Themen werden auch als Businessblogs bezeichnet. Die Einträge, auch Postings genannt, sind die Hauptbestandteile aller Weblogs. Ein eigener Weblog zu Ihrem Fachthema macht Sie schnell in der Internetöffentlichkeit bekannt. Blogs werden über besondere Funktionen der Suchmaschinen ermittelt. Sie bieten anderen Nutzern auch die Möglichkeit, Kommentare zu einzelnen Themen zu verfassen. Dies bietet auch Ihnen die Möglichkeit, sich in die Diskussion um ein Fachthema in einem anderen Blog einzuschalten.

Vielleicht werden die Entscheider über Ihre Karriere bei einer Internetrecherche zufällig auf Ihre Beiträge stoßen. Besser ist es, die für Ihre berufliche Laufbahn wichtigen Personen auf Ihre Internetaktivitäten aufmerksam zu machen. Anders verhält es sich, wenn Ihr Unternehmen im Intranet eigene Foren, Wikis oder Blogs eingerichtet hat. Hier erwartet man, dass Sie sich an der unternehmensinternen Fachdiskussion beteiligen.

Internetaktivitäten kommunizieren

Die Krönung des Selbstmarketings durch externe Aktivitäten ist die Veröffentlichung eines Fachbuchs. Ein Buch entfaltet von allen externen Aktivitäten die größte Wirkung. Allerdings: Wie bei den Fachartikeln sind Verlage nur an Buchideen interessiert, die sie ihren Lesern verkaufen können. Interessant sind Bücher dann, wenn sie ein neues Fachthema darstellen, von dem ein großer Leserkreis profitieren kann.

Fachbuch schreiben

Nachdem Sie eine gute und marktfähige Buchidee gefunden haben, suchen Sie einen passenden Verlag. Dies ist nicht einfach. Von etwa 100 eingereichten Buchideen nehmen Verlage in der Regel ein bis zwei Bücher an. Falls Sie keine Verlagskontakte haben, empfehle ich Ihnen eine auf Fachbücher spezialisierte Agentur mit der Vermittlung zu beauftragen. Diese kennt den Buchmarkt und hilft Ihnen bei der verlagsgerechten Aufbereitung Ihrer Buchidee.

Unterstützung suchen

- Nutzen Sie Vorträge, Lehraufträge, Fachartikel, Bücher und das Internet für Ihr Selbstmarketing.
- Internet und Intranet bieten eine einfache und unkomplizierte Möglichkeit, Fachwissen zu zeigen.
- Die aufwendigste, aber auch wirkungsvollste Form, sein Wissen zu präsentieren, ist ein Fachbuch. Machen Sie davon Gebrauch, wenn Sie die Chance dazu haben.

Tipps für Ihren Erfolg

Überlassen Sie Ihre Vortrags- und Veröffentlichungsaktivitäten nicht dem Zufall

Nicht jeder Vortrag wird angenommen und nicht jeder Aufsatz oder jedes Buch veröffentlicht. Ihre Beiträge müssen für die Veranstalter und die Redaktionen oder Verlage einen Marktwert haben. Bevor Sie sich entscheiden, einen Vortrag oder einen Lehrgang zu entwickeln oder einen Aufsatz oder ein Buch zu schreiben, empfehle ich Ihnen, eine Themen- und Medienanalyse durchzuführen.

Themenanalyse   Das beste Thema ist dasjenige, zu dem Sie viel Wissen und viel Material angesammelt haben und das gleichzeitig für viele Experten Ihres Fachgebietes interessant ist. Bei der Themenanalyse finden Sie heraus, welches Thema sich für Ihre Zielgruppe eignet. Die folgenden Fragen helfen Ihnen dabei:

- Welche Themen sind für Externe interessant?
- Welche Zielgruppe kann ich ansprechen?
- Zu welchen meiner Themen kann und darf ich veröffentlichen?
- Welche Aspekte machen meine Themen für Externe interessant?
- Wodurch bin ich als Referent oder Autor für die Zielgruppe interessant?

Medienanalyse durchführen   Bei der Medienanalyse erstellen Sie eine Liste von Veranstaltern und Medien, die für Ihre Vorträge und Veröffentlichungen in Frage kommen und für Ihr Selbstmarketing besonders wichtig sind. Beachten Sie dabei die folgenden beiden Punkte: Welche Fachpublikationen werden in Ihrem Unternehmen, insbesondere vom jetzigen Chef und den Entscheidern, gelesen? Welche Medien oder Veranstaltungen haben einen besonders guten Ruf?

Zugang zu Veranstaltungsbüros, Redaktionen und Verlagen   Wie kann ich die Medien oder Veranstalter auf mich aufmerksam machen? Wer entscheidet in den Medien über die Veröffentlichungen? Wer entscheidet bei Veranstaltungen über die Referenten? Welche Personen kenne ich, die Kontakte zu den Entscheidern in den Medien vermitteln können? Mit den Antworten auf diese Fragen verschaffen Sie sich den Zugang zu Veranstaltungsbüros, Redaktionen und Verlagen. Ein Tipp dazu: Es hilft wenig, Veranstalter oder Verlage ohne konkreten Ansprechpartner anzuschreiben.

Exposés sind eine ideale Form, Vorträge und Aufsätze anzubieten. Sie geben den potentiellen Interessenten schnell einen Eindruck von dem, was Sie anzubieten haben, und Ihr Aufwand dafür hält sich in Grenzen. Im Exposé beschreiben Sie das, was Sie darstellen oder veröffentlichen wollen, kurz und knapp mit den wichtigsten Fakten. Es sollte nicht mehr als eine oder zwei Seiten umfassen. Insbesondere bei Zeitschriften und Verlagen haben die Redakteure oder Lektoren nicht viel Zeit. Sie müssen anhand des Exposés sehr schnell erkennen können, ob ein Beitrag interessant ist oder nicht.

Kurz und bündig: das Exposé

So erstellen Sie ein Exposé

- *Arbeitstitel:* Schon mit dem Arbeitstitel müssen Sie Aufmerksamkeit erregen. Er muss die Schlagworte des Themas enthalten und spritzig formuliert sein.
- *Zusammenfassung:* Das Abstract fasst die Kernaussagen des Vortrags, Artikels oder Buchs in knapper Form zusammen. Es ist keine summarische Darstellung des Themas, sondern hebt die für die potentiellen Interessenten wichtigen Punkte hervor.
- *technische Daten:* Der formale Rahmen wie Dauer des Vortrags oder Umfang des Aufsatzes oder Buches ist für Veranstalter und Redaktionen für die Planung wichtig.
- *Nutzen:* Veranstaltungsorganisatoren und Redaktionen müssen Ihren Beitrag wiederum einem Veranstalter oder dem Verleger verkaufen. Geben Sie ihnen Argumente in die Hand, warum Ihr Vortrag oder Ihre Veröffentlichung eine Bereicherung für die Teilnehmer oder Leser darstellt.

Vorträge und Veröffentlichungen sind besonders wirksame Instrumente des Selbstmarketings. Das Tagesgeschäft und die privaten Verpflichtungen lassen oft wenig Spielraum, einen Vortrag gründlich vorzubereiten oder einen Aufsatz oder gar ein Buch zu schreiben. Gerade dann, wenn es Ihr erster Vortrag oder Ihre erste Veröffentlichung ist, sollten Sie aber viel Zeit dafür reservieren. Andererseits: Mit guten Vorträgen und Veröffentlichungen können Sie eine große positive Wirkung erzeugen.

Vortragen und veröffentlichen

**Tipps für
Ihren Erfolg**

- Finden Sie heraus, welche Ihrer Themen auch außerhalb Ihres Unternehmens interessant sind und welche Medien Sie für unternehmensexterne Aktivitäten nutzen können.
- Stellen Sie gezielt Kontakte zu Veranstaltern, Redaktionen und Verlagen her.
- Denken Sie daran, dass sich Ihre Zielgruppe nicht nur aus den Teilnehmern Ihrer Veranstaltungen oder den Lesern Ihrer Veröffentlichungen zusammensetzt. Dazu gehören vor allem Ihre Vorgesetzten und die einflussreichen Leute in Ihrem Unternehmen.

Expertennetzwerke: Erfahrungen austauschen und Wissen aufbauen

*„Wer aufrichtiges Interesse an anderen Menschen hat,
ist auch selbst interessant."*

UWE SCHELER,
MANAGEMENTTRAINER UND SACHBUCHAUTOR

Netzwerke bilden ein stabiles Beziehungsgeflecht über die Organisationsgrenzen hinweg. Ihr Vorteile: Die Netzwerkpartner unterstützen Sie dabei, Ihren Job besser zu machen, und helfen Ihnen bei der Stellensuche.

**Geben
und nehmen**
Networking heißt, Kontakte zu anderen Menschen zu suchen und langfristig zu pflegen. Entscheidend ist, dass alle Netzwerkpartner durch den Kompetenzaustausch einen Nutzen haben und durch die Zusammenarbeit mit unterschiedlichen Talenten ein kontinuierlicher Wissens- und Informationszufluss für jeden Einzelnen stattfindet.

Menschen schließen sich zu einem Expertennetzwerk zusammen, um ein bestimmtes Ziel zu verfolgen, das sie ohne das Netzwerk nicht oder nicht so gut erreichen können. Die Ziele: Informationsaustausch, Wissensaufbau und Unterstützung bei der Jobsuche.

Nutzen Sie die Vorteile des Networking

Ein tragfähiges Netzwerk innerhalb des Unternehmens ist eine wichtige Grundlage dafür, dass Sie Ihre Aufgaben erfolgreich erledigen können, aber auch dafür, dass Sie informelle Informationen erhalten und so einen Wissensvorsprung aufbauen können. Ein gutes innerbetriebliches Netzwerk bringt zudem die folgenden Vorteile:

Zugang zu wichtigen Informationen

„Wissen ist Macht" – diese Erkenntnis gilt auch im Berufsleben. Je mehr Beziehungen Sie zu Kollegen im Unternehmen haben, die an wichtigen Stellen sitzen, umso mehr Informationen über Vorgänge und Personen erhalten Sie. Durch viele Kontakte zu möglichst unterschiedlichen Abteilungen lernen Sie auch, wie andere Abteilungen arbeiten, was dort gut läuft und wo es Probleme gibt. Sie erfahren, wie Ihr Unternehmen „läuft".

Bessere Arbeitsergebnisse

Durch eine gute persönliche Beziehung wird die Zusammenarbeit mit Kollegen, vor allem aus anderen Abteilungen, erleichtert. Kollegen, zu denen Sie eine gute Beziehung haben, können Sie von Ihren Vorstellungen oft besser überzeugen, und sie sind dann auch eher bereit, Sie bei Ihrer Arbeit zu unterstützen. So erzielen Sie Arbeitsergebnisse auf dem „kurzen Dienstweg", die auf dem offiziellen Weg nur langsam erreicht werden können. Von Netzwerkpartnern aus anderen Unternehmen erfahren Sie, wie dort Probleme gelöst werden. Sie können diese Lösung in Ihrem Unternehmen vorschlagen und sich dadurch profilieren.

Networking macht erfolgreich

Die Qualifikation für einen Job reicht in vielen Fällen nicht mehr aus. Hinzukommen müssen Eigenwerbung und ein hoher Bekanntheitsgrad in der Fachwelt oder der Branche. Durch die aktive Teilnahme an einem Netzwerk kann man sich mit seinen Fähigkeiten einem über die Abteilungsgrenzen hinausgehenden Kreis von Kollegen und Führungskräften bekannt machen. Durch den Austausch mit Fachleuten erweitert sich Ihr Wissen nicht nur um fachliche Inhalte, sondern auch um Trends und Lösungsansätze.

Intrigen abwehren

Erfolgreiche Zusammenarbeit beruht auf Kooperation. Dies schließt aber nicht aus, dass Kollegen gegen Sie intrigieren. Ein großes interbetriebliches Netzwerk schützt zwar nicht vor Intrigen, aber Ihre Freunde im Unternehmen informieren Sie über alles, was gegen Sie unternommen wird. Sie können Ihnen auch dabei helfen, Gegenmaßnahmen einzuleiten.

Vorteile bei der Stellensuche
Menschen brauchen immer andere Menschen, um weiterzukommen oder eine andere Stelle zu finden. Man schätzt, dass etwa ein Drittel aller Stellen vor der offiziellen Ausschreibung durch persönliche Beziehungen besetzt wird. Der Vorteil dabei liegt nicht nur bei den Bewerbern. Auch die Unternehmen sparen dadurch Geld und Zeit. Durch gute Beziehungen im Unternehmen, aber auch außerhalb des Unternehmens erfahren Sie frühzeitig von anderen Stellen. Somit haben Sie die Chance, sich vor einer Stellenausschreibung zu bewerben, und müssen nicht gegen andere Kandidaten konkurrieren. Die Partner können Ihnen für Ihre Bewerbung Tipps geben oder Sie sogar für die Stelle empfehlen.

Hilfe bei Entscheidungen
Fundierte Entscheidungen können Sie nur treffen, wenn Sie dies auf einer guten Informationsgrundlage tun. Gerade bei Stellen, die außerhalb eines Unternehmens ausgeschrieben werden, verfügen Sie über nur wenige Informationen. Durch Ihre Netzwerkpartner können Sie Informationen erhalten, die für die Entscheidungsfindung wichtig sind. Weihen Sie jedoch nur sehr vertrauenswürdige Netzwerkpartner in Ihre Wechselabsichten ein.

Tipps für Ihren Erfolg

- Bauen Sie ein Expertennetzwerk mit Menschen auf, die sich durch gegenseitige Unterstützung beruflich weiterentwickeln wollen.
- Networking erweitert Ihre Kompetenz, hilft Ihnen besser im Job zu werden und ist ein Teil Ihrer Eigenwerbung.
- Je mehr Menschen Sie kennen, umso größer ist die Chance, Hilfe zu bekommen oder einen Hinweis auf eine attraktive vakante Position zu erhalten.

Networking bietet Ihnen viele Möglichkeiten

Obwohl Networking erst seit einigen Jahren „in" ist, gibt es Expertennetzwerke schon seit vielen Jahren. Berufsverbände wie zum Beispiel der Verband Deutscher Ingenieure (VDI) sind Beispiele dafür. Sie wurden nicht nur gegründet, um in der Gesellschaft die berufsständischen Interessen zu vertreten, sondern auch, um Wissen zwischen den Mitgliedern auszutauschen und sich gegenseitig bei der Stellensuche zu helfen.

Durch die Mitgliedschaft in einem schon bestehenden formellen oder informellen Netzwerk kann man das eigene Netzwerk sehr schnell vergrößern:

Formelle und informelle Netzwerke

- ▨ *Formelle Netzwerke* sind etablierte Institutionen, die feste Regeln haben und damit einen festen Rahmen bieten.
- ▨ *Informelle Netzwerke* haben dagegen keine festen Regeln. Die Mitglieder informeller Netzwerke treffen sich unregelmäßig und meist nach Bedarf oder Interesse. Für die Veranstaltungen gibt es keine festen Regeln. Beispiele für informelle Netzwerke sind Stammtische oder Lerngruppen.

Mitglieder in Informationsnetzwerken profitieren von der Tatsache, dass viele Menschen Wissen und Erfahrungen zu Spezialthemen haben und bereit sind, diese auch an andere weiterzugeben. Ihre Motivation: Wenn sie selbst Wissen weitergeben, erhalten auch sie Informationen von anderen Menschen. Die Mitgliedschaft in einem Wissensnetzwerk ist auch Teil der Eigenwerbung, denn sie verschafft Ihnen nicht nur Zugang zu themen- und branchenspezifischem Wissen, sondern macht Sie auch in der Fachcommunity bekannt.

Informations- und Wissens- netzwerke

Wichtig für Experten sind zunächst firmeninterne Plattformen. Eine Möglichkeit, Kontakte zu anderen Experten zu knüpfen, sind firmeninterne Lehrgänge und Fortbildungsveranstaltungen. Hier können Sie sich in den Pausen und am Abend mit Fachleuten aus anderen Firmenbereichen austauschen. Einige Unternehmen bieten darüber hinaus regelmäßige firmeninterne Tagungen an. Diese haben auch den Anspruch, die Vernetzung der Mitarbeiter im Unternehmen zu fördern.

Networking im Unternehmen

Berufsverbände sind Zusammenschlüsse von Fachleuten eines Themengebietes. Sie gibt es für fast alle Berufsgruppen. Aus den Interessensvertretungen entwickeln sich häufig Plattformen, welche die Mitglieder über Internetangebote, Veranstaltungen, Arbeitskreise und Fortbildungen vernetzen.

Berufsverbände

135

Tagungen sorgen für persönliche Kontakte

Tagungen richten sich an die Fachöffentlichkeit. Schwerpunktthemen oder Trends im Fachgebiet sind Themen, die von Referenten vorgestellt oder in Workshops erarbeitet werden. Die Veranstalter sind Berufsverbände, wissenschaftliche Einrichtungen, aber auch freie Träger. Sie stellen eine gute Plattform dar, um Gleichgesinnte zu treffen und neue Kontakte zu knüpfen.

Internetcommunitis

Das Internet hat sehr zur Entwicklung des Networking beigetragen. Internetplattformen bieten eine ideale Möglichkeit, Themen nicht nur darzustellen, sondern erlauben durch interaktive Elemente wie Foren und Chats den fruchtbaren Austausch zwischen Gleichgesinnten.

Tipps für Ihren Erfolg

- Schließen Sie sich bestehenden Netzwerken an, um schnell neue Kontakte zu knüpfen.
- Betreiben Sie Networking in Ihrem Unternehmen. Sie erfahren so auch Interna. Ihnen eröffnet sich zudem der „kurze Dienstweg".
- Mit Networking außerhalb des Unternehmens blicken Sie über den Tellerrand hinaus und erhalten Impulse für Ihre Arbeit.

Professionelles Networking: Das eigene Netzwerk ist kein Zufall

„Wenn du schnell sein willst, dann gehe allein,
wenn du weit kommen willst, dann gehe gemeinsam."

AFRIKANISCHES SPRICHWORT

Studien haben ergeben, dass jeder Mensch während seines Lebens etwa 2.000 andere Menschen kennen lernt. Networking betreibt jeder. Professionell wird Networking dadurch, dass Sie Ihr Netzwerk nicht dem Zufall überlassen. Dabei werden Kontakte neu geknüpft, bestehende Kontakte gepflegt und die Beziehungen zu den Netzwerkpartnern emotional vertieft.

Professionelles Networking ist der zielgerichtete und systematische Aufbau eines Netzwerkes, um Kontakte zu knüpfen, zu pflegen und zu nutzen.

Ihr Adressbuch zeigt Ihnen auf einen Blick, wie groß Ihr Netzwerk bereits ist. Intensivieren Sie alle Kontakte, die für Ihre berufliche Entwicklung hilfreich sind. Sprechen Sie Menschen an, von denen Sie etwas lernen und die Sie bei einer künftigen Bewerbung unterstützen können.

Netzwerkstrategie festlegen

Notieren Sie sich zu jeder Person, zu der Sie von jetzt an die Beziehung systematisch pflegen wollen, die Dinge, die Ihnen zu ihr einfallen. Fragen Sie aber auch Arbeitskollegen und Bekannte nach den Personen, um zu erfahren, was diese jetzt tun. Dazu legen Sie sich am besten ein neues Adressbuch an. Hier notieren Sie zu den Namen Kontaktdaten wie Adresse, Telefonnummer und E-Mail-Adresse, aber auch Information, die Sie zu dem jeweiligen Menschen zusammengetragen haben.

Adressbuch aktualisieren

Erweitern Sie Ihr Adressbuch um sogenannte Kontaktnotizen. Mit ihnen rufen Sie sich die Gespräche mit Ihrem Partner wieder in Erinnerung, und sie liefern die Informationen, die Ihnen helfen, den Kontakt aufzufrischen. Kontaktnotizen sind Anmerkungen über das subjektive Erleben der Gesprächsinhalte, über die Sie mit Ihrem Kontaktpartner kommuniziert haben.

Kontaktnotizen anfertigen

Wenn Sie einen eingeschlafenen Kontakt wieder beleben wollen, knüpfen Sie an eine Beziehung an, die unterbrochen worden ist. Sie tun dies, um herauszufinden, ob der Kontakt Ihren Interessen nützt und ob es noch genügend Gemeinsamkeiten gibt, für die es sich lohnt, eine langfristige Beziehung aufzubauen. Bei einem ersten Gespräch geht es weniger um ein konkretes Anliegen, sondern um einen Test: Lohnt es sich, eine aktive Netzwerkbeziehung aufzubauen?

Kommunikationskanäle für Kontaktaufnahme

Kontakte auffrischen

Für die Wiederaufnahme eines alten Kontaktes bieten sich drei Möglichkeiten an:

- E-Mails nutzen Sie, wenn Sie testen wollen, ob ein prinzipielles Interesse an der Wiederaufnahme des Kontaktes besteht, oder wenn Sie den Kontakt nur für den Austausch von Sachinformationen nutzen wollen. Letzteres nimmt die wenigste Zeit in Anspruch. Einen ansprechenden Text für die Wiederaufnahme eines Kontaktes können Sie vorbereiten und dann mehrmals verwenden. Achten Sie aber darauf, dass jede Mail eine persönliche Note hat.

E-Mail, Telefon, Treffen

- Wenn Sie bereits eine intensivere Beziehung zum Netzwerkpartner hatten und diese wieder aufnehmen wollen, dann ist das Telefon das bessere Medium, um wieder ins Gespräch zu kommen. Mit dem Telefongespräch können Sie eine alte gemeinsame Erfahrung ansprechen, kommunizieren, was sich seit dem letzten Kontakt verändert hat, und auf die Suche nach Gemeinsamkeiten gehen. Ein solches Gespräch können Sie mit dem Satz „Ich wollte mal hören, wie es Ihnen geht, und unseren alten Kontakt wieder aufnehmen" beginnen.

- Ein persönliches Treffen wird durch eine E-Mail oder ein Telefongespräch vorbereitet. Es ist immer ein zweiter Schritt nach einer ersten Kontaktaufnahme und dann sinnvoll, wenn der persönliche Kontakt mit dem Netzwerkpartner im Vordergrund steht und Sie die Beziehung vertiefen wollen.

Neue Kontakte aufbauen

Sie möchten sich über ein bestimmtes Thema austauschen, brauchen Kontakte zu einer bestimmten Personengruppe oder suchen einen Counterpart in einer bestimmten Branche. In Ihrem Netzwerk finden Sie aber keinen Kontakt, der Ihnen dies ermöglicht. Sie müssen also systematisch Kontakte suchen und herstellen, um diese Lücken zu schließen.

Kontinuität ist Trumpf

Warten Sie jedoch mit dem Ausbau Ihres Netzwerks nicht, bis Sie eine konkrete Hilfe eines Netzwerkpartners benötigen. Erweitern Sie Ihr Netzwerk immer dann, wenn Sie erkennen, dass Sie für ein bestimmtes Thema oder Anliegen neue Netzwerkpartner brauchen.

Fortbildungsveranstaltungen, Kongresse und Tagungen sind ideale Möglichkeiten, um neue Kontakte zu knüpfen. Dort kommen Experten Ihres Fachgebietes zusammen, um sich weiterzubilden, über die Trends im Fachgebiet zu informieren, sich Impulse zu holen und Erfahrungen auszutauschen.

Tipps für Ihren Erfolg

▨ Aktivieren Sie Kontakte zu Personen, die Ihnen beruflich weiterhelfen können.

▨ Suchen Sie bei der Wiederaufnahme des Kontaktes nach Gemeinsamkeiten und dokumentieren Sie wichtige Punkte in Ihren Kontaktnotizen.

▨ Tagungen und Veranstaltungen sind die ideale Plattform, um neue Kontakte zu knüpfen.

Kontaktpflege: helfen und sich helfen lassen

„Behandeln Sie die anderen immer so,
wie Sie selbst behandelt werden möchten."

DALE CARNEGIE (1888–1955),
US-AMERIKANISCHER SCHRIFTSTELLER
UND MOTIVATIONSTRAINER

Kontakte müssen Sie wie einen Baum pflegen. Denn er wächst nicht von allein. Er muss gegossen und gedüngt werden. Erst dann können Sie die Früchte ernten. Sie müssen darum immer wieder an Ihre Kontaktpartner denken und sich bei ihnen in Erinnerung bringen. Kontaktpflege braucht Zeit. Networkprofis verbringen damit bis zu zwölf Stunden in der Woche.

Ob Sie viele oder wenige Beziehungen haben, ist keine Glückssache. Es hängt vor allem davon ab, wie intensiv Sie Ihre Kontakte pflegen.

Neue Kontakte sichten — Sichten Sie die Visitenkarten, die Sie von einer Veranstaltung mitbringen. Bei einigen Kontakten haben Sie wahrscheinlich schon feste Vereinbarungen getroffen. Übertragen Sie die neuen Kontakte in Ihr Adressbuch und erstellen Sie einen Plan für die Kontaktaufnahme. Wem wollen Sie wann etwas schicken, wen wollen Sie wann anrufen oder einladen? Bei jedem neuen Kontakt sollten Sie überlegen, wann Sie den nächsten Schritt tun.

Pflegen Sie Ihre Kontakte regelmäßig

Beziehungen wollen gepflegt sein, wenn sie dauerhaft zur Verfügung stehen sollen. Dies erfordert mehrmals im Jahr eine regelmäßige Kontaktaufnahme. Sonst versandet die Beziehung und Sie können sie nicht nutzen, wenn Sie gerade von diesem Netzwerkpartner Rat oder Hilfe benötigen.

Anlässe für die Kontaktaufnahme — Für die Kontaktpflege können Sie eine ganze Reihe von Gelegenheiten nutzen. Dazu gehört, dass Sie sich für eine Einladung bedanken, zum Geburtstag gratulieren oder Informationen verschicken. Dafür sind die Kontaktnotizen hilfreich. Hier notieren Sie die Anlässe, zu denen Sie sich bei Ihren Kontaktpartnern in Erinnerung bringen können. Die Tabelle gibt einen Überblick, wie Sie mit Ihren Netzwerkpartnern in Kontakt bleiben.

Ereignis, Anlass	Anknüpfungspunkt, Vorgehen
Lesen eines Buches, das auch für einen Netzwerkpartner interessant sein könnte	Empfehlen Sie das Buch und versehen Sie die Empfehlung möglichst mit einer persönlichen Wertung
Lesen eines Artikels	Geben Sie einen Hinweis auf den Artikel, oder versenden Sie ihn als Kopie
Entdecken einer Intranetseite	Versenden Sie den Link der Seite per E-Mail
Besuch einer Veranstaltung	Bieten Sie an, über die Veranstaltung zu berichten, und versenden Sie, falls möglich, Unterlagen
Aufmerksam werden auf eine Veranstaltung	Weisen Sie auf die Veranstaltung hin oder bieten Sie an, die Veranstaltung gemeinsam zu besuchen

Mitgliedschaft in einem neuen Netzwerk	Empfehlung Sie das Netzwerk Ihren Netzwerkpartnern mit ähnlichen Interessen
Einladung zu einer Veranstaltung	Bedanken Sie sich für die Einladung, selbst dann, wenn Sie nicht zur Veranstaltung gehen
Geburtstag eines Netzwerkpartners	Versenden Sie einen Glückwunsch per E-Mail, durch Internetgrußkarte oder eine Postkarte
Hochzeit, Geburt eines Kindes	Drücken Sie Ihren Glückwunsch aus und versenden Sie ggf. ein Präsent
Auszeichnung des Netzwerkpartners, Veröffentlichung	Versenden Sie eine E-Mail oder Karte, mit der Sie Ihre Anerkennung ausdrücken
Feiertag (Weihnachten, Ostern)	Versenden Sie Grüße. Je persönlicher dieser Gruß gestaltet wird, umso mehr hebt er sich von anderen Grüßen ab und entfaltet eine größere Wirkung
Verlust des Arbeitsplatzes, Scheidung, Tod	Drücken Sie Ihre Anteilnahme durch eine Karte aus. Möglichst keine E-Mail, denn die Anteilnahme sollte persönlich ausgesprochen werden
Lokales Ereignis	Bieten Sie an, die Veranstaltung gemeinsam zu besuchen
Eigener Wechsel des Ortes oder Arbeitgebers	Versenden Sie Ihre neuen Kontaktdaten
Wechsel des Ortes oder Arbeitgebers durch einen Netzwerkpartner	Versenden Sie einen Glückwunsch

Nur wer sich aktiv um seine Beziehungen bemüht, wird über ein großes Netzwerk verfügen. Ergreifen Sie bei der Kontaktpflege immer selbst die Initiative und verlassen Sie sich dabei nicht auf Ihren Netzwerkpartner.

Aktiv um Kontakte bemühen

Dauerhafte Netzwerkbeziehungen ergeben sich durch die Kontinuität der Kontakte und durch Verlässlichkeit. Kontinuität heißt, Kontakte von selbst in regelmäßigen Abständen immer wieder aufzunehmen. Verlässlichkeit heißt, zugesagte Informationen auch tatsächlich zu versenden, Versprechungen einzuhalten und bei Terminen pünktlich zu erscheinen.

Verlässlichkeit beweisen

Bilanz ziehen Zur Kontaktpflege gehört auch, immer wieder Bilanz zu ziehen. Dazu dienen die folgenden Fragen:

- Wie viele Kontakte sind hinzugekommen?
- Bei welchen Kontakten haben sich stabile Netzwerkbeziehungen entwickelt?
- Welche Kontakte sollten intensiviert werden?
- Aus welchen Kontakten hat sich nichts ergeben?
- Zu welcher Zielgruppe oder zu welchen Themen fehlen Kontakte?

Kontakte bereinigen Kontakte, die sich als erfolglos herausstellen, sollten Sie aus dem Adressbuch streichen. Bei Kontaktpartnern, zu denen Sie noch keine intensive Beziehung herstellen konnten, überlegen Sie, auf welche Weise Sie diese intensivieren könnten.

Zielgruppen oder Themen, zu denen Kontakte fehlen, müssen systematisch aufgebaut werden. Hier ist zu überlegen, welche Veranstaltungen besucht werden können, um neue Kontakte zu knüpfen. Nutzen Sie dazu auch das bestehende Netzwerk. Vielleicht kennt einer der Kontaktpartner jemanden und kann Ihnen den Zugang eröffnen.

Tipps für Ihren Erfolg
- Nur durch eine kontinuierliche Kontaktpflege wird Ihr Netzwerk stabil und verlässlich. Suchen Sie regelmäßig den Kontakt mit Ihren Netzwerkpartnern, auch wenn es dafür keinen aktuellen Anlass gibt.
- Nutzen Sie Ereignisse wie Geburtstage oder Veranstaltungen für die Kontaktpflege.
- Ziehen Sie regelmäßig Bilanz: Intensivieren Sie interessante Kontakte.

Nutzen Sie Ihr Netzwerk

Menschen betreiben Networking, um Beziehungen zu nutzen, wenn einer der Netzwerkpartner Rat oder Hilfe braucht. Fragen nach Rat oder Hilfe sind dann besonders erfolgreich, wenn sie sehr konkret gestellt werden. Dabei wird ein Netzwerkpartner gezielt nach einem Rat gefragt. Wenn dies nicht möglich ist, kann eine Frage oder ein sogenannter Hilferuf auch an alle Mitglieder eines Netzwerks gesendet werden.

Wenn Sie Rat suchen, sollten Sie die Kontaktaufnahme nicht als reine Informationssuche gestalten. Von einer E-Mail wie der folgenden ist abzuraten: „Ich möchte mich beruflich verändern: Wer weiß, wo ich mich bewerben könnte?" Ihre Netzwerkpartner werden vermuten, Sie wollten sie ausnutzen. Wahrscheinlich erhalten Sie auf eine solche Mail ohnehin nur Standardantworten.

Rat suchen

Besser ist, Sie sehen Ihre Kontaktnotizen durch. Vielleicht finden Sie einen Kontaktpartner, von dem Sie wissen, dass er sich auf dem Arbeitsmarkt Ihres Fachgebietes gut auskennt. Die E-Mail an diesen Kontaktpartner könnte dann so aussehen: „Lieber Klaus, ich habe mein Projekt beendet. Es war eine spannende Erfahrung, und ich habe viel hinzugelernt. Die Möglichkeiten bei uns, mit einem neuen Projekt daran anzuknüpfen, sind nicht groß. Ich weiß, dass du immer ein gutes Ohr am Markt hast. Vielleicht weißt du, wer einen Projektleiter wie mich sucht oder auch nur, wo ich mich informieren könnte. Aber auch dann, wenn du keinen Tipp für mich hast, freue ich mich über eine Nachricht von dir, um zu erfahren, wie es bei deinem Projekt läuft und welche Erfahrung du gemacht hast."

Ansprechpartner gezielt auswählen

Netzwerkpartner sind Menschen, die Ihnen gerne helfen. Die Bitte um Hilfe sollte aber in einem angemessenen Verhältnis zu Ihrer Beziehung zu dem Netzwerkpartner stehen. Das Grundprinzip bei allen Bitten um Hilfe ist, dass der Partner diese ohne schlechtes Gewissen ablehnen kann. Jede Bitte um Hilfe ist auch eine Bitte, Zeit für Sie zu investieren. Wenn der Netzwerkpartner diese Zeit bereits anders verplant hat oder einfach nicht aufbringen will, muss er „Nein" sagen können.

Um Hilfe bitten: Grundprinzip beachten

Es ist selbstverständlich, dass man sich bedankt, nachdem ein Netzwerkpartner mit Rat oder Tat geholfen hat. Es müssen keine übertriebenen Danksagungen sein – eine kleine Anerkennung genügt. Auf keinen Fall sollte der Eindruck entstehen, dass Sie einen Kontakt ausnutzen. Dies ist in der Regel der Fall, wenn Sie:

Kontakte keinesfalls ausnutzen

- Dinge, die Sie selbst tun könnten, von Netzwerkpartnern erbitten,
- Informationen, die Sie von einem Dritten erhalten haben, als die eigenen ausgeben,

■ Hilfe fordern, die für die Netzwerkbeziehung unangemessen ist, oder
■ eine Hilfe erbitten, die der Partner als Dienstleistung anbietet.

Umgang mit Informationen

Im Umgang mit Informationen Dritter sollte man immer darauf achten, dass die Quelle der Information oder der Idee genannt wird. Auf diese Weise werden zwei Fliegen mit einer Klappe geschlagen: Der Urheber der Idee wird korrekt erwähnt und kann dann auch direkt kontaktiert werden. Die Nennung des Namens ist zudem eine Art Werbung für denjenigen, der auf diese Weise im Netzwerk bekannt wird. Andererseits sollte man selbst offen mit den eigenen Ideen umgehen. Jede weitergegebene Idee bietet eine Chance, einen neuen Kontakt aufzubauen oder einen bestehenden zu intensivieren.

Multiplikatoren nutzen

Nutzen Sie Ihre Kontaktpartner auch dazu, Ihr Netzwerk auszuweiten. Fragen Sie nach Bekannten und weiteren Kontakten. Es gibt Netzwerkpartner, die Kontakt zu vielen Gleichgesinnten haben und als Multiplikatoren schnell Ihr Netzwerk vergrößern können. Wenige Anrufe bei solchen Multiplikatoren genügen, um weitere Interessierte oder Gleichgesinnte zu finden. Networking heißt auch, Kontakte zu vermitteln. Ein Netzwerkpartner kennt jemand, von dem er annimmt, dieser Kontakt könnte auch für einen anderen Netzwerkpartner interessant sein.

Namedropping

Wenn Sie wissen, dass es für Ihren Netzwerkpartner hilfreich ist, dann geben Sie beim Namedropping seinen Namen weiter: Nennen Sie ihn bei jeder sich bietenden Gelegenheit. Es ist eine indirekte Empfehlung. Sie eröffnen Ihren Netzwerkpartnern die Chance, einen Kontakt zu knüpfen, von dessen Zweck Sie überzeugt sind.

Tipps für Ihren Erfolg

■ Nutzen Sie Ihr Netzwerk: Fragen Sie nach Informationen, bitten Sie um Hilfe und lassen Sie sich Kontakte vermitteln.
■ Achten Sie darauf, dass Sie bei Informationen stets die Quelle nennen und mit persönlichen Informationen vertraulich umgehen.
■ Sie erweitern Ihr Netzwerk, indem Sie Ihre Netzwerkpartner nach weiteren Kontakten fragen.

Karrierenetzwerk:
Networking für die Karriere nutzen

„Erfahrungsaustausch ist die billigste Investition."

BRUNO MORITZ, SACHBUCHAUTOR

Netzwerke geben auch darüber Auskunft, welche Anerkennung man selbst genießt. „Sage mir, in welchen Netzwerken du dich bewegst, dann sage ich dir, wie wichtig du bist." Bewegt sich ein Experte nur in gleichrangigen Expertenkreisen, so heißt dies eventuell, dass er im Grunde auf der sozialen Ebene bleiben will, auf der er sich befindet. Er verspürt keinen Drang, aufzusteigen. Wenn Experten aber in verantwortungsvolle Positionen aufsteigen wollen, müssen sie zeigen, dass sie in der Lage sind, Geschäftskontakte auch auf höherer Ebene zu pflegen.

An Ihrem Netzwerk erkennt man, welche Karriere Sie anstreben. Knüpfen Sie deshalb für ein Karrierenetzwerk Kontakte zu Personen, die bereits in der Position sind, die Sie anstreben.

Die Beziehungen zu den Kollegen hat zwei Seiten: Auf der einen Seite helfen sie, gute Arbeitsergebnisse zu erzielen, auf der anderen müssen Sie sich jedoch von Ihren Kollegen auch abgrenzen, um die Aufmerksamkeit auf sich zu ziehen und Ihre Chancen für eine Beförderung zu verbessern. Das grundsätzliche Verhältnis zu den Kollegen sollte entgegenkommend, unterstützend und freundlich sein.

Networking auf der gleichen Ebene

Networking heißt hier, nicht nur Kontakt zu Gleichgesinnten zu suchen, sondern bewusst Kontakt zu Personen aufzubauen, die sich auf der Ebene der angestrebten Zielposition oder höher befinden. Dazu können Sie die folgenden Initiativen ergreifen:

Networking auf der Ebene der Zielposition

- Suchen Sie Kontakt zu ranghöheren Personen im eigenen oder auch in anderen Unternehmen.
- Bauen Sie Kontakte zu Experten Ihres Fachgebietes in Verbänden und Institutionen auf.
- Werden Sie Mitglied in wichtigen Verbänden und engagieren Sie sich dort.

145

Vorausschauend handeln

Durch diese Beziehungen steigt Ihr Ansehen im Unternehmen. Sie üben diejenigen Kommunikations- und Umgangsformen ein, die Sie später in der Zielposition benötigen, und Sie lernen vor allem die Personen kennen, die Ihre Bewerbung um eine bessere Position unterstützen können.

Bekanntheit im Netzwerk steigern

Networking bedeutet nicht nur, dass Sie mit Ihren Kontaktpartnern in einem Austausch stehen, sondern auch, dass Sie als Person im Netzwerk sichtbar sind. Dies ist auch eine Form der Eigenwerbung.

Sich sichtbar machen

Die aktive Beteiligung an Diskussionen auf Internetplattformen oder in Foren macht Sie für andere Mitglieder im Netzwerk mit Ihrer Kompetenz wahrnehmbar. Dies hat mehrere Vorteile: Zum einen erhalten Sie Informationen und Anregungen und zum anderen treffen Sie dort Menschen, die für das eigene Netzwerk interessant sein könnten. Nicht zuletzt werden Sie durch Ihre Beiträge sichtbar und können von anderen daraufhin angesprochen werden.

Forum einrichten

Eine besonders aktive Form der Teilnahme am Netzwerk ist, ein Forum für ein Thema einzurichten und zu moderieren. Diese Möglichkeit können Sie nutzen, um zu einem Thema Meinungen und Informationen von anderen zu erhalten, die Sie dann wiederum als Referenz bei Kunden angeben können.

Mitarbeit in Berufsverbänden

Eine traditionelle Möglichkeit, um im Netzwerk bekannt zu werden, ist die Mitarbeit in den Berufsverbänden. Die Berufsverbände haben Arbeitsgruppen zu den unterschiedlichsten Themen eingerichtet. Durch die Mitarbeit zeigen Sie Ihre Expertise und werden bekannt. Die Publikationen der Berufsverbände stellen eine weitere Option dar, im Netzwerk als Experte sichtbar zu werden.

Gegenseitige Unterstützung

Networking hilft Ihnen die Karriereleiter hinaufzuklettern. Dabei bekommen Sie Hilfe von Ihren Netzwerkpartnern. Im Gegenzug müssen Sie aber bereit sein, auch anderen bei Ihrer Karriere zu helfen. Mit jedem Kontakt erhöht sich die Chance, dass Sie von einer Karrieremöglichkeit erfahren. Die Dynamik eines Netzwerks unterstützt Sie dabei. Mit jeder Beziehung im Netzwerk erhalten Sie einen Zugang zu einem anderen Netzwerk. Gleichzeitig sollten Sie jedoch auch auf die Qualität achten. Denn nur dann, wenn Sie eine gute und regelmäßige Beziehung zu Ihren Netzwerkpartnern pflegen, werden diese Sie bei einer Stellensuche unterstützen.

Wichtige Networking-Regeln

- *Seien Sie aktiv.* Kontakte im Netz entstehen nicht von alleine. Sie müssen sie aktiv herbeiführen. Die Kontakte pflegen sich auch nicht von alleine. Denken Sie immer daran, dass ein Netzwerk von der Energie lebt, die auch Sie investieren.
- *Pflegen Sie Ihre Kontakte kontinuierlich.* Versprechen Sie nur dann etwas, wenn Sie es auch einhalten können.
- *Halten Sie sich bei den Kontakten im Netzwerk an die guten Manieren.* Dazu gehören Höflichkeit, Zuvorkommenheit und passendes Verhalten.
- *Seien Sie aufmerksam.* Denken Sie immer für den anderen mit. Respektieren Sie den anderen so, wie Sie auch erwarten, respektiert zu werden.
- *Erweisen Sie den anderen Gefälligkeiten.* Kleine Gefälligkeiten erhalten den Kontakt. Damit zeigen Sie, dass Sie an andere denken. Das Prinzip „Geben und nehmen" fängt immer mit dem Geben an.
- *Wenn Sie über andere reden, beurteilen Sie nicht deren Verhalten.* Berichten Sie Positives über andere. Kritik an anderen ist in einem Netzwerk tabu. Wenn Sie kritisieren, führt dies schnell zu dem Ruf, dass man Ihnen nichts anvertrauen kann.
- *Nutzen Sie die Beziehungen nicht zu Ihrem Vorteil aus.* Wenn andere merken, dass Sie Networking nur zu Ihrem Nutzen betreiben, werden sie den Kontakt abbrechen.
- *Suchen Sie Gemeinsamkeiten.* Das verbindende Element in einem Netzwerk sind die Gemeinsamkeiten der Netzwerkpartner. Je mehr sie davon haben, umso stabiler ist es.

- Nutzen Sie Ihr Netzwerk für Ihre Karriere, indem Sie Ihr Fachwissen erweitern, Informationen anderer Unternehmen nutzen und sich über vakante Stellen und Positionen informieren.
- Knüpfen Sie Kontakte zu hierarchisch höhergestellten Personen. Betreiben Sie so Eigenwerbung.
- Nutzen Sie Networking, um Ihren Bekanntheitsgrad zu steigern.

Tipps für Ihren Erfolg

6. Karrieresprung durch professionelle Bewerbung

„Richtig bewerben muss man sich nur für die erste Stelle.
Wenn man einmal im Job ist, sind Bewerbungen ein Kinderspiel.
Ein kurzes Anschreiben, ein aktualisierter Lebenslauf und möglichst
viele Kopien von Seminaren – und fertig ist die Bewerbungsmappe.
Auch das Vorstellungsgespräch ist dann mehr eine lästige Pflicht.
Man hat in seinem Berufsleben ja schon eine Menge geleistet.
Und das spricht schließlich für sich."

Leider ist es so nicht. Für jede Position gibt es immer mehrere Kandidaten, gegen die Sie sich durchsetzen müssen. Je höher Sie auf der Karriereleiter nach oben steigen, umso geringer wird die Anzahl der verfügbaren Positionen und umso höher die Anzahl der Konkurrenten.

Herausfordernde Konkurrenzsituation

Durch ein Bewerbungsverfahren wollen die Unternehmen herausfinden, wer der geeignetste Kandidat ist. Und dies bedeutet, dass Sie mit anderen Kandidaten um die Stelle konkurrieren. Das lateinische Wort „concurre" heißt übersetzt „um die Wette laufen". Und das tun Sie in einem Bewerbungsverfahren.

Karrierevorsprung durch Bewerbungs-Know-how

Mit einer guten fachlichen und sozialen Kompetenz und beruflichen Erfolgen nehmen Sie eine Poolposition ein. Aber damit ist das Rennen noch nicht gewonnen. Nun müssen Sie die Entscheider im Bewerbungsverfahren durch eine professionelle Bewerbung für sich gewinnen. Dies gilt, ob Sie sich nun im eigenen Unternehmen für eine Stelle bewerben oder ob Sie das Unternehmen wechseln. Sie müssen den Stellenmarkt beobachten, sich auf die richtige Stelle bewerben, Bewerbungsgespräche führen und Auswahlverfahren meistern.

Stellensuche: die richtige Auswahl treffen

„In der Welt ist es sehr selten mit dem Entweder-oder getan."
JOHANN WOLFGANG VON GOETHE (1759–1832),
DEUTSCHER DICHTER

Ihr Ziel ist es nicht, einen neuen Arbeitsplatz mit irgendwelchen Tätigkeiten zu finden. Ihr Ziel ist es, eine Stelle zu finden, mit der Sie sich verbessern oder in der Sie zumindest Tätigkeiten übernehmen können, die Ihnen neue Karrierechancen eröffnen. Selbst eine gut dotierte Stelle kann unattraktiv sein, wenn Sie langfristig Ihre Karriere nicht unterstützt, weil Sie dort Ihre Fachkompetenz nicht weiterentwickeln können.

Die richtige Stelle haben Sie dann gefunden, wenn Sie in der neuen Position Ihr Wissen und Ihre Fähigkeiten zur Geltung bringen können und dafür mehr Geld und soziales Ansehen erhalten.

Der Stellenwechsel beginnt mit der Beobachtung und Analyse des Stellenmarktes. Dieser reicht vom internen Stellenmarkt Ihres Unternehmens bis hin zu Stellenangeboten in Tageszeitungen und im Internet.

Jedes große Unternehmen hat einen internen Stellenmarkt. Die Art und Weise, wie dort Stellen ausgeschrieben werden, unterscheidet sich nur wenig von einem externen Stellenmarkt. Die Zeiten sind vorbei, in denen interne Stellen an schwarzen Brettern bekannt gegeben oder in Hausmitteilungen veröffentlicht wurden. Mehr oder weniger komfortable Intranet-Lösungen ersetzen die traditionellen Ausschreibungsverfahren.

Stellenmarkt der Unternehmen

Am Anfang einer Karriere gibt Ihnen der interne Stellenmarkt einen guten Überblick über die Entwicklungsmöglichkeiten im Unternehmen. Sie sollten ihn deshalb ständig beobachten, und dies unabhängig davon, ob Sie die Stelle wechseln wollen oder nicht.

Überblick gewinnen

Printmedien nutzen

Die Printmedien haben bei Stellenausschreibungen immer noch eine große Bedeutung. Die traditionellen Stellenmärkte für Fachkräfte finden Sie in den Samstagsausgaben der großen Tageszeitungen. Für Fachexperten sind auch die branchen- und fachspezifischen Publikationen eine gute Quelle. Gerade dann, wenn Unternehmen Experten mit speziellen Kenntnissen suchen, ziehen sie eine Ausschreibung in einem Fachmagazin vor, weil sie hier die Bewerber gezielter ansprechen können.

Die kontinuierliche Lektüre der Stellenagebote in den Fachmagazinen Ihres Spezialgebietes oder den Internetseiten der Firmen, die für Sie in Frage kommen, weist Sie auf Karrierechancen hin, selbst wenn Sie noch nicht den Drang zu einem Wechsel verspüren.

Stellenmarkt im Internet

Online-Bewerbungen liegen im Trend. Eine Befragung von 220 namhaften Unternehmen zeigt, dass Personalverantwortliche das Internet als einen modernen Weg der Mitarbeitergewinnung sehen. Das Internet bietet Bewerbern und Unternehmen viele Vorteile. Es ist schnell, kostengünstig und die Reichweite der Stellenanzeigen ist fast uneingeschränkt, da das Internet weltweit verfügbar ist.

Stellenmarkt des Arbeitsamtes

Das Arbeitsamt ist der staatliche Stellenvermittler. Arbeitgeber melden dort ihre freien Stellen. Stellensuchende können dort mit dem Stellen-Informations-Service die angebotenen Stellen einsehen. Das System wird vorwiegend von kleinen und mittelständischen Unternehmen genutzt und ist auf das mittlere und untere Qualifikationssegment zugeschnitten. Die Vermittler des Arbeitsamtes versuchen die Stellensuchenden auf diese Stellen zu vermitteln.

Werden Sie aktiv: Stellengesuche, Kurzbewerbungen und Initiativbewerbungen

Die Suche im Stellenmarkt ist nicht die einzige Möglichkeit, eine Stelle zu finden. Erfolgreiche Alternativen sind aktive Bewerbungen. Sie haben einen entscheidenden Vorteil: Sie konkurrieren nicht gegen eine Vielzahl von Bewerbern. Sie haben drei Möglichkeiten, selbst aktiv zu werden: ein Stellengesuch in einer Zeitung oder dem Internet, die Kurzbewerbung oder die Initiativbewerbung.

Ein Stellengesuch soll wie ein Werbeprospekt in eigener Sache wirken. Es muss in kurzer und präziser Form Ihre Vorzüge und Vorstellungen beschreiben und dadurch den Leser auf Sie aufmerksam machen. Es sollte auf folgende Inhalte eingehen:

Stellengesuch aufgeben

- gesuchte Position
- Alter
- Ausbildung
- besondere Kenntnisse und Erfahrungen
- Nutzen, den Sie dem Unternehmen bieten können
- den Weg zur Kontaktaufnahme (hier ist eine Chiffre zu empfehlen!)
- Mobilität beschreiben
- Branchenkenntnisse belegen

Ihr Stellengesuch veröffentlichen Sie als Anzeige in einer großen Zeitung oder in einer Job-Börse im Internet. Durch die Lektüre anderer Stellengesuche erhalten Sie Anregungen für den Text und die Gestaltung Ihres eigenen Stellengesuches. Hilfe erhalten Sie von den Anzeigenberatern der Zeitungen und Zeitschriften. Der Preis für ein Stellengesuch ist sehr unterschiedlich und richtet sich nach der Auflagenhöhe. Das Stellengesuch ersetzt nicht eine komplette Bewerbung. Es kann jedoch eine sinnvolle Ergänzung sein.

Unterschiedliche Preise

Die Kurzbewerbung ist eine Bewerbung in verkürzter Form, mit der Sie Interesse bei Firmen wecken wollen. Ihre Chance liegt darin, dass der latente Bedarf an Mitarbeitern groß ist und Unternehmen aus Kostengründen nicht alle vakanten Stellen ausschreiben. Bei einer Kurzbewerbung hängt der Erfolg im Wesentlichen von der Art der Präsentation und vom Zeitpunkt der Bewerbung ab. Erhoffen Sie sich aber nicht zu viele Reaktionen. Denn Sie bewerben sich ja auf eine Stelle, die es nicht gibt oder die im Moment nicht besetzt werden muss.

Kurzbewerbung

Eine Kurzbewerbung umfasst:

Inhalte der Kurzbewerbung

- Anschrift inklusive der Telefonnummer und E-Mail-Adresse
- Grund des Anschreibens
- persönliche Anrede des Ansprechpartners
- Möglichkeit der Kontaktaufnahme
- Motivation für die Bewerbung

- Bezug zu einer konkreten Abteilung oder Position
- Nutzen für das Unternehmen
- kurze Darstellung der persönlichen, fachlichen und beruflichen Qualifikationen

Eine Kurzbewerbung hat ein Anschreiben, das maximal eine Seite umfasst, und einen Lebenslauf von maximal zwei Seiten. Versuchen Sie, bevor Sie die Bewerbung versenden, einen passenden Ansprechpartner im Unternehmen zu finden und vorab zu kontaktieren.

Initiativbewerbung Bei einer Initiativbewerbung bewerben Sie sich mit Ihren kompletten Bewerbungsunterlagen unaufgefordert bei einem potentiellen Arbeitgeber. Initiativbewerbungen sind keine sogenannten Blindbewerbungen, bei denen alle möglichen Firmen angeschrieben werden. Eine Initiativbewerbung ist eine gezielte Bewerbung bei einem Unternehmen, welches einen Nutzen aus Ihrer Arbeit ziehen könnte. Sie haben vor allem dann eine Chance, wenn Sie als Fachexperte über ein Know-how verfügen, von dem Sie wissen oder vermuten, dass es in dem angeschriebenen Unternehmen nicht oder nicht so gut wie bei Ihnen vorhanden ist.

Informationen recherchieren Sammeln Sie so viele Informationen wie möglich über die Unternehmen, die Sie anschreiben wollen. Nutzen Sie Internet, Geschäftsberichte, Presseveröffentlichungen oder Ähnliches. Dabei sollten Sie sich die folgenden Fragen stellen: Ist die Branche zukunftsorientiert? Werden die Produkte und Dienstleistungen nachgefragt? Gilt das Unternehmen als innovativ? Welche Geschäftsrisiken sind zu erwarten?

Ansprechpartner ermitteln Während Ihrer Recherche sollten Sie die Ansprechpartner in den Unternehmen ermitteln. Die besten Ansprechpartner sind diejenigen, die den Bereich, in dem Sie arbeiten wollen, verantworten.

Personalberatungen Personalberatungen bieten als Treuhänder Ihre Bewerbung Firmen Ihrer Wahl oder Unternehmen aus der Kartei der Personalberatung an. Die Kosten dafür orientieren sich an dem Jahresbruttogehalt der vermittelten Stellen und betragen zwischen 5 und 20 Prozent.

Versuchen Sie in die Kartei von Personalberatern aufgenommen zu werden. Seien Sie aber wählerisch. Verschaffen Sie sich einen Überblick über die in Ihrer Brache renommierten Personalberatungen. Die Adressen finden Sie heraus, wenn Sie die Anzeigen der Zeitungen durchforsten. Zudem veröffentlichen Wirtschaftsmagazine Ranglisten von Personalberatungen. Der Weg über eine Personalberatung ist nur für eine langfristige Bewerbungsstrategie geeignet.

Personalberatungen auswählen

So finden Sie die passende Stelle

▨ Eine Stelle ist für Sie nur dann attraktiv, wenn Sie Ihnen eine berufliche Weiterentwicklung ermöglicht. Der Maßstab für die Prüfung ist Ihre Karriereplanung:

☐ Stellt diese Position eine logische Weiterentwicklung Ihrer bisherigen beruflichen Laufbahn dar?

☐ Inwieweit können Sie Ihre fachliche Expertise in dieser Stelle ausbauen?

☐ Was können Sie besser, wenn Sie erfolgreich sind?

▨ Beobachten Sie regelmäßig den Stellenmarkt in Ihrem Unternehmen und in den Fachzeitschriften.

▨ Analysieren Sie den Stellenmarkt der Unternehmen, indem Sie die entsprechenden Medien wie Tageszeitungen, Internet und Fachzeitschriften sichten.

▨ Bewerben Sie sich aktiv bei Unternehmen, von denen Sie vermuten, dass sie Ihre Kompetenz benötigen.

Tipps für Ihren Erfolg

Bewerbungsstrategie: scheibchenweise Interesse wecken

„Sich be-werben heißt Werbung für die eigene Person machen."
JÜRGEN LÜRSSEN, KARRIEREBERATER

Experten neigen dazu, wie in einer Diplomarbeit alles, was sie wissen, darzustellen. Diese Strategie ist hilfreich, um Examen zu bestehen, versagt jedoch bei einer Bewerbung. Eine Be-Werbung ist eine

Werbung in eigener Sache. Dabei kommt es nicht darauf an, zu zeigen, was ein Produkt alles kann, sondern das, was den Kunden interessiert. Stellen Sie nicht dar, was Sie alles können, sondern das, was für den künftigen Arbeitgeber hilfreich und nützlich ist.

> **Mit einer Bewerbung werben Sie für Ihre Fähigkeiten und für sich als Person. Heben Sie die Fähigkeiten und Persönlichkeitsmerkmale hervor, an denen Ihr künftiger Arbeitgeber interessiert ist.**

Perspektive des Personalleiters einnehmen

Versetzen Sie sich bei der Zusammenstellung der Bewerbungsunterlagen in die Lage des Personalleiters, der die Bewerbung liest. Er will wissen, ob Ihre Fähigkeiten und Erfahrungen mit den Anforderungen des Unternehmens übereinstimmen. Er muss spüren, dass Sie exzellente Leistung erbracht haben, und neugierig werden auf das, was Sie dem Unternehmen anbieten können.

Phasen der Bewerbung

Der Bewerbungsvorgang selbst läuft in sieben Phasen ab. In jeder Phase kommt es darauf an, dass Sie Interesse für sich und Ihre Kompetenzen wecken.

Bewerbungsphasen beachten

- *Erstkontakt zum Unternehmen oder der Unternehmensberatung:* Sie lesen eine Anzeige oder starten eine Initiativbewerbung. Mit einer telefonischen Kontaktaufnahme klären Sie, ob es sich lohnt, die Bewerbungsmappe zu versenden.
- *Bewerbungsmappe versenden:* Die Bewerbungsmappe ist Ihr Aushängeschild, das während des gesamten Bewerbungsvorgangs weitergereicht wird. Die Zeit, die Sie für die Gestaltung investieren, zahlt sich in jeder der folgenden Bewerbungsphasen aus.
- *telefonische Nachfrage:* Die telefonische Nachfrage hat zwei Funktionen: Einerseits erfahren Sie, wie der Stand Ihrer Bewerbung ist, andererseits können Sie sich wieder in Erinnerung rufen und den Kontakt vertiefen. Fragen Sie nach einem Termin für ein Vorstellungsgespräch. Hier sollten Sie nicht locker lassen. Damit zeigen Sie Interesse und gewinnen vielleicht einen Vorsprung vor einem Bewerber, der nicht so hartnäckig ist.

- *Vorstellungsgespräch:* Mit dem Vorstellungsgespräch eröffnet Ihnen das Unternehmen die Chance, sich zu präsentieren. Es ist Ihr Auftritt. Er ist wirkungsvoll, wenn Sie Kompetenz zeigen und Persönlichkeit ausstrahlen.
- *Dankschreiben:* Das Dankschreiben ist mehr als eine nette Geste. Es ist ein Anlass, um nochmals die wesentlichen Argumente hervorzuheben, die für Sie als Bewerber sprechen.
- *zweite Bewerbungsrunde:* In der zweiten Bewerbungsrunde müssen Sie Ihren Gesprächspartnern die Sicherheit geben, dass Sie die Kompetenz, die aus Ihrem Lebenslauf hervorgeht, wirklich besitzen, und einen Eindruck davon vermitteln, wie Sie in der zu besetzenden Stelle agieren werden. Sie können in der zweiten Runde auch zu einem Eignungstest oder zu einem Assessment eingeladen werden.
- *Vertragsabschluss:* Mit dem Vertrag wird der Rahmen für die Tätigkeit abgesteckt. Vor dem Abschluss stehen die Verhandlungen über Gehalt, Nebenleistungen und weitere Vereinbarungen an.

Nutzen Sie Arbeitszeugnisse als Teil Ihrer Eigenwerbung

Arbeitszeugnisse sind Belege Ihrer beruflichen Erfolge – jedoch nur dann, wenn im Zeugnis diejenigen Erfolge beschrieben sind, die für Ihre Karriere wichtig sind. Der künftige Arbeitgeber muss aus dem Zeugnis die Leistungen erkennen können, mit denen Sie sich bewerben.

In Deutschland wird auf Arbeitszeugnisse besonders großen Wert gelegt. Das Zeugnis lässt die Unternehmen von der Vergangenheit auf die Zukunft schließen. Von einem Fachexperten werden gute Zeugnisse erwartet. Denn er geht einer Tätigkeit nach, die seinen Stärken entspricht, und bearbeitet ein Thema, für das er sich überdurchschnittlich engagiert. Gute Leistungen sind der Beweis dafür, dass Sie die richtige Berufswahl getroffen haben.

Bedeutung von Zeugnissen

Nach dem Gesetz ist jedes Unternehmen verpflichtet, seinen Mitarbeitern ein Zeugnis auszustellen. Dieses muss wohlwollend formuliert sein, um das berufliche Fortkommen des Mitarbeiters nicht zu behindern. Das bedeutet: Im Zeugnis darf nichts Negatives stehen. Aus diesem Grund hat sich ein Code entwickelt, mit dem Unternehmen mit positiven Formulierungen deutlich machen kön-

Codierung der Zeugnisse

nen, dass Sie mit den Leistungen eines Beschäftigten nicht zufrieden waren.

Zeugnissprache kennen

Mit folgenden sprachlichen Elementen werden weniger positive Leistungen deutlich gemacht:

- Positive Aussagen werden durch Formulierungen wie „im Allgemeinen" und „im Großen und Ganzen" eingeschränkt.
- Dinge, die für die Beurteilung unwichtig sind, werden hervorgehoben: „Herr Musterangestellter war immer pünktlich."

Negatives positiv formuliert

- Wichtiges wird weggelassen. Zum Beispiel wird nur erwähnt, dass eine Leistung erbracht wurde, aber nicht beschrieben, mit welchem Erfolg dies gelungen ist.
- Nur extrem positive Formulierungen bezeichnen gute Leistungen. Einfache positive Formulierungen dagegen weisen auf mittelmäßige bis schlechte Leistungen hin.

Anlässe für Zeugnisausstellung

Ein Zeugnis wird immer ausgestellt, wenn Sie das Unternehmen verlassen. Es gibt jedoch zwei Ausnahmen:

- Verlässt Ihr Vorgesetzter das Unternehmen, nimmt er das Wissen um Ihre Leistung mit. In diesem Fall sollten Sie ihn um ein Zwischenzeugnis bitten, insbesondere dann, wenn Sie sich sicher sind, dass er Ihnen ein gutes Zeugnis ausstellen wird.
- Eine vergleichbare Situation entsteht, wenn Sie innerhalb des Unternehmens die Abteilung wechseln. Lassen Sie sich von Ihrem Vorgesetzten ein Zwischenzeugnis ausstellen, wenn der Wechsel nicht mit einer Beförderung verbunden ist. Wenn Sie befördert wurden, benötigen Sie kein Zeugnis. In diesem Fall ist die Beförderung der Nachweis Ihrer guten Leistung.

Informationen im Zeugnis

- *Titel, Name, Geburtsdatum sowie Art und Dauer des Beschäftigungsverhältnisses:* Dies sind Fakten Ihres Arbeitsverhältnisses. Achten Sie darauf, dass sie korrekt sind.
- *kurze Selbstdarstellung des Unternehmens:* Je renommierter das Unternehmen ist, umso besser für Ihre Bewerbung. Aber auch bei kleinen Firmen kann eine gute Selbstdarstellung bewirken, dass sich der künftige Arbeitgeber geschmeichelt fühlt, dass Sie zu ihm wechseln wollen.

- *detaillierte Beschreibung der Position, die Sie eingenommen haben:* Aus dieser Beschreibung muss deutlich werden, welche Fähigkeiten und Kenntnisse Sie haben. Waren Sie länger in einem Unternehmen tätig, sollten alle Stationen beschrieben sein. Aus der Beschreibung muss hervorgehen, dass Sie im Unternehmen eine stringente und zielstrebige Entwicklung durchlaufen haben.

- *Beurteilung der Arbeitsleistung:* Hieraus müssen Ihre Leistungen und Erfolge zu ersehen sein. In diesem Abschnitt stellt Ihnen das Unternehmen das Zeugnis über Ihre fachliche Expertise aus. Achten Sie darauf, dass hier die Punkte erwähnt sind, mit denen Sie Ihr Profil als Fachexperte schärfen wollen. Neben den Einzelleistungen enthält das Zeugnis auch eine Gesamtbeurteilung. Sehr gute Leistungen werden mit Formulierungen wie „stets zu unserer vollsten Zufriedenheit" beschrieben. Bei ausreichenden Leistungen werden Formulierungen wie: „zu unserer Zufriedenheit" benutzt.

- *Beurteilung der sozialen Kompetenz und der persönlichen Eigenschaften:* In diesem Abschnitt beschreibt der Arbeitgeber das Verhalten gegenüber den Vorgesetzen, den Kollegen und Externen. Achten Sie darauf, dass positive persönliche Eigenschaften beschrieben werden.

- *Grund für die Beendigung des Arbeitsverhältnisses:* Die Formulierung „Die Trennung erfolgte im gegenseitigen Einverständnis" bedeutet, dass Ihnen gekündigt wurde. Ein ungeschriebenes Gesetz besagt, dass einem guten Mitarbeiter nicht gekündigt wird. Achten Sie darauf, dass eine Formulierung wie „Der Mitarbeiter hat das Unternehmen auf eigenen Wunsch verlassen" genutzt wird.

- *Abschluss:* Ein gutes Zeugnis schließt immer damit, dass Ihnen der Arbeitgeber dankt, sein Bedauern ausdrückt und Ihnen für die Zukunft alle Gute wünscht. Fehlen diese Wünsche, wird dies als eine Einschränkung der Gesamtbeurteilung bewertet.

Nehmen Sie Einfluss

Nutzen Sie jede Chance, Ihr Zeugnis zu optimieren. Im besten Fall bittet Sie Ihr Vorgesetzter, einen Vorschlag für das Zeugnis zu machen. Dies ist für ihn und für die Personalabteilung eine Arbeitserleichterung. Wenn Ihr Vorgesetzter ein gutes Verhältnis zu Ihnen hatte, wird er Ihnen vertrauen, dass Sie eine realistische Darstellung Ihrer Arbeitsleistung abliefern.

Zeugniskorrekturen verlangen

Sie können auch aktiv auf Ihren Vorgesetzten zugehen und ihm eine Darstellung Ihrer Leistungen anbieten. Nutzen Sie hier vor allem die Chance, Ihre Arbeitsleistung gut darzustellen. Es kann jedoch auch vorkommen, dass Sie Ihr Zeugnis korrigieren oder verbessern müssen. Nehmen Sie ein schlechtes Zeugnis nicht einfach hin. Es ist ein wichtiger Baustein für jede neue Bewerbung.

Tipps für Ihren Erfolg	▧ Achten Sie darauf, dass Sie nur gute Zeugnisse erhalten. Analysieren Sie den Inhalt Ihres Zeugnisses und fordern Sie Änderungen, wenn er Ihren Vorstellungen nicht entspricht. ▧ Wirken Sie möglichst an der Gestaltung Ihres Zeugnisses mit.

Zeigen Sie bei Ihrem Erstkontakt Professionalität

„Auskünfte über die ausgeschriebene Position erteilt Ihnen …“: Mit diesem Satz enden viele Stellenausschreibungen. Die Möglichkeit, bereits vor der Bewerbung Kontakt zur Personalabteilung aufzunehmen, bietet zwei Vorteile: Erstens können Sie Ihre Erfolgsaussichten besser einschätzen, und zweitens hinterlassen Sie mit einem gut geführten Telefongespräch einen ersten positiven Eindruck im Bewerbungsverfahren.

Selbstpräsentation als Gesprächseinstieg

Sie müssen stets einen plausiblen Grund angeben, wenn Sie vorab Kontakt aufnehmen. Beim Anruf nennen Sie die Stelle, die Sie interessiert, und stellen sich kurz vor. Damit haben Sie, bevor Sie eine Frage gestellt haben, Ihrem Gesprächspartner einen ersten Eindruck von sich vermittelt. Heben Sie dabei die bei Ihnen vorhandenen Kenntnisse und Fähigkeiten hervor, die in der Anzeige angesprochen werden. Der Personalverantwortliche gewinnt den Eindruck, dass es sich lohnt, Ihnen zuzuhören.

Fragen stellen

Überlegen Sie sich vor dem Gespräch Fragen, durch die Sie Informationen zur Stelle erhalten. Diese Informationen verschaffen Ihnen zusätzliche Vorteile: Sie können das Anschreiben noch präziser auf die Stelle hin abfassen und sich noch gezielter auf das Vorstellungsgespräch vorbereiten. Nutzen Sie die Antworten Ihres Gesprächspartners, um weitere Fragen zu stellen. So zeigen Sie Ihr Interesse an der Stelle und halten gleichzeitig das Gespräch in Gang.

Für einen telefonischen Erstkontakt gibt es Tabu-Themen: Beschweren Sie sich nicht über Ihren jetzigen Arbeitgeber. Daraus wird man sofort schließen, dass Sie das Gleiche auch bei einem neuen Arbeitgeber tun würden. Fragen Sie nicht nach Dingen, die bereits in der Stellenausschreibung beschrieben werden. Daraus schließt man, dass Sie kein ernsthaftes Interesse haben. Sagen Sie nicht, dass Sie mit Ihrer jetzigen Stelle, dem Chef oder dem Unternehmen unzufrieden sind, sondern begründen Sie Ihre Wechselabsichten positiv.

Tabu-Themen beim Erstkontakt

So gehen Sie bei einem telefonischen Erstkontakt vor

- Legen Sie das Ziel Ihres Anrufs fest und was Sie nach dem Anruf erreicht haben wollen. Notieren Sie sich Ihre Fragen schriftlich.
- Wählen Sie einen Ort, an dem Sie ungestört und ohne Zeitdruck telefonieren können.
- Fragen Sie Ihren Gesprächspartner, ob er Zeit für das Gespräch hat.
- Falls Ihr Gesprächspartner keine Zeit hat, wird er einen Rückruf anbieten. Nennen Sie ihm eine dafür geeignete Zeit und Ihre Rufnummer.
- Sprechen Sie deutlich und nicht zu hastig. Vermeiden Sie lange Pausen und lassen Sie den Gesprächspartner ausreden. Sprechen Sie Ihren Gesprächspartner mit dem Namen an. Falls Sie sich über die Aussprache nicht sicher sind, fragen Sie ihn danach.
- Fassen Sie die wichtigsten Aussagen nach dem Gespräch schriftlich zusammen.

Ihr Gespräch haben Sie erfolgreich geführt, wenn der Personalverantwortliche oder vielleicht sogar der künftige Vorgesetzte Sie auffordern, Ihre Bewerbungsunterlagen zuzusenden. Tun Sie dies möglichst schnell, damit das Gespräch beim Gesprächspartner noch in Erinnerung ist, wenn er die Unterlagen erhält. Adressieren Sie die Bewerbung direkt an den Gesprächspartner und reden Sie ihn im Anschreiben direkt an. Vergessen Sie auf keinen Fall, das Gespräch im Anschreiben zu erwähnen.

Unterlagen rasch zusenden

Tipps für Ihren Erfolg

■ Nutzen Sie die Möglichkeit zur telefonischen Kontaktaufnahme, um sich einen Informationsvorsprung vor anderen Bewerbern zu verschaffen. Damit hinterlassen Sie gleichzeitig einen guten Eindruck.

■ Stellen Sie die Kompetenzen in den Vordergrund, die in der Stellenausschreibung genannt sind.

■ Stellen Sie Fragen. Damit machen Sie deutlich, dass Sie Interesse an der Stelle haben.

Verstärken Sie mit Ihrem Bewerbungsschreiben das Interesse

Bewerbungsschreiben, die mehr als eine Seite umfassen, werden kaum gelesen. Eine Minute braucht ein geübter Personalchef im Durchschnitt für eine erste Sichtung Ihrer Bewerbungsunterlagen. Danach landet Ihre Bewerbung entweder auf dem Stapel „interessant" oder „uninteressant". Erfahrungsgemäß erhalten 90 Prozent der Bewerber eine Absage, weil Ihre Bewerbungsunterlagen formale Mängel aufweisen, unvollständig oder unübersichtlich sind.

Argumente für Einstellung liefern

Durch das telefonische Vorgespräch haben Sie schon das Interesse geweckt. Im Bewerbungsschreiben müssen Sie jetzt dieses Interesse verstärken. Dort bekunden Sie das Interesse an der Stelle, zeigen, dass Sie die Anforderungen aufgrund Ihrer Qualifikation erfüllen können, und machen neugierig auf sich und Ihre Fähigkeiten. Eine der wichtigsten Funktionen des Anschreibens ist es, dem Unternehmen Argumente dafür zu liefern, warum es gerade Sie einstellen sollte. Im Bewerbungsschreiben zählt nicht nur das, was Sie können, sondern auch, wie gut Sie Ihr Können darstellen und „verkaufen" können.

Zweck des Anschreibens

Mit Hilfe des Anschreibens gleicht der Personalverantwortliche Ihr Profil mit dem Stellenprofil ab. Ein Standardschreiben reicht meistens nicht aus, um die erste Hürde zu nehmen. Das Anschreiben muss auf die ausgeschriebene Stelle zugeschnitten sein und Interesse für die weiteren Unterlagen in der Bewerbungsmappe wecken. Das Anschreiben sollte dem Leser Antworten auf die folgenden Fragen geben:

▨ Was ist der Anlass für die Bewerbung?

▨ Was motiviert Sie, sich auf diese Position bei diesem Unternehmen zu bewerben?

▨ Welche Wissens- und welche Erfahrungsschwerpunkte besitzen Sie, die für die Stelle und das Unternehmen interessant sind?

▨ Welches sind Ihre Interessenschwerpunkte und beruflichen Ziele?

Inhalte des Anschreibens

▨ *Angaben zur eigenen Person:* Zu den Kontaktdaten gehört neben der Adresse auch eine Telefonnummer, unter der Sie gut erreichbar sind, und eine E-Mail-Adresse.

▨ *Bezug zur Stellenausschreibung:* Ist der Ansprechpartner bekannt, so wird dessen Namen in die Adresse des Unternehmens geschrieben. Beim Anschreiben reicht der Vermerk, auf was sich die Bewerbung bezieht: „Ihre Anzeige …"

▨ *Briefanfang:* Ein guter Anfang für das Anschreiben ist immer der Bezug zu einem kurz vorher geführten Telefonat. Beschreiben Sie in ein bis zwei Sätzen, wer Sie sind und was Sie können.

▨ *Hauptteil:* Im Hauptteil stellen Sie Ihre besonderen Kenntnisse und Fähigkeiten dar. Sind in der Stellenanzeige explizit spezielle Kenntnisse oder besondere Eigenschaften gefordert, nehmen Sie dies als Anregung und legen Sie dar, inwiefern Sie über diese Kenntnisse und Eigenschaften verfügen. Außergewöhnliche Leistungen und Anerkennungen sollten Sie erwähnen, wenn Sie einen Bezug zu der Stelle haben. Bewerten Sie Ihre eigenen Leistungen nicht, sondern beschreiben Sie diese so neutral wie möglich. Belegen Sie Ihre Kenntnisse und Fähigkeiten mit konkreten Beispielen.

▨ *Schluss:* Die meisten Anschreiben enden mit dem folgenden Satz: „Über eine Einladung zum Vorstellungsgespräch würde ich mich freuen." Diesen Schluss können Sie besser so formulieren: „Auf eine Einladung zu einem persönlichen Treffen, bei dem wir weitere Details besprechen können, freue ich mich."

▨ *Unterschrift:* Das Anschreiben wird mit Vor- und Nachnamen unterschrieben. Dies macht einen persönlicheren Eindruck.

Tipp: Formale Fehler führen oft dazu, dass das Anschreiben erst gar nicht gelesen wird. Personalverantwortliche interpretieren formale Fehler als mangelndes Interesse und die Unfähigkeit, korrekt und gewissenhaft zu arbeiten.

Tipps für Ihren Erfolg

■ Konzentrieren Sie sich im Bewerbungsschreiben auf die Fähigkeiten und Kenntnisse, die in der Stellenausschreibung gefordert sind.

■ Stellen Sie sich positiv dar und beschreiben Sie Ihre Fähigkeiten neutral.

■ Vermeiden Sie im Anschreiben formale Fehler.

Erstellen Sie eine aussagefähige Bewerbungsmappe

„Hat ein Bewerber ein wirklich großes Interesse an der Stelle, wird er sich sehr viel Mühe geben, eine aussagefähige Bewerbungsmappe zu erstellen." Dies ist die Einstellung der Personalverantwortlichen zu den Bewerbungsunterlagen. Um diesem Anspruch gerecht zu werden, müssen Sie keine dicke Mappe versenden, sondern eine, aus der alle Informationen zu Ihnen, dem Bewerber, hervorgehen.

Obligatorische Inhalte einer Bewerbungsmappe

Die Bewerbungsmappe ist Ihre Selbstdarstellung und enthält alle für die Bewerbung relevanten Unterlagen. Sie ist üblicherweise eine Kunststoffmappe – Größe: 24 mal 34 cm –, in der die Unterlagen gelocht eingeheftet sind. Das Deckblatt der Bewerbungsmappe enthält alle wichtigen Informationen wie Name, Titel, Kontaktdaten und ein aktuelles Foto sowie ein Verzeichnis der in der Mappe enthaltenen Unterlagen, das sind vor allem der Lebenslauf und die Zeugnisse.

Weitere Inhalte

Neben den entsprechenden Inhalten können Sie die Bewerbungsmappe um die folgenden Inhalte erweitern: Fähigkeitsprofil, Berufserfahrung, Patente und Gebrauchsmuster, Publikationen, Weiterbildungen und Infos zu Auslandserfahrungen.

Der Lebenslauf

Personalleiter wollen anhand des Lebenslaufes feststellen, ob Sie ein Insider der Branche sind. Aus dem Lebenslauf muss hervorgehen, dass Sie sich in Ihrem Fachgebiet kontinuierlich weiterentwickelt haben und Ihr Profil auf die ausgeschriebene Stelle passt.

Drei Abteilungen

Der Lebenslauf hat drei Abteilungen: Informationen zu Person, Ausbildung und Beruf. Diese Begriffe befinden sich auf der linken Seite, auf der rechten Seite der Zeitraum und eine kurze Erklärung der Tätigkeit.

Die Angaben sollten logisch aufgebaut und für den Leser nachvollziehbar sein. Versuchen Sie nicht, Lücken zu kaschieren. Geübte Personalchefs merken dies sofort. Sie wirken kompetenter und seriöser, wenn Sie offen mit Lücken und Brüchen im Lebenslauf umgehen. Zudem gilt: Stellen Sie Ihr Licht nicht unter den Scheffel, loben Sie sich aber auch nicht in den Himmel. Für Fachexperten spricht, wenn Sie sich im Lebenslauf auf die Zahlen, Daten und Fakten konzentrieren.

Lücken nicht kaschieren

Benutzen Sie keinen Standardlebenslauf. Je besser Ihr Lebenslauf auf die ausgeschriebene Stelle zugeschnitten ist, umso leichter erkennt der Leser, dass Ihre Kompetenz zu dem Stellenprofil passt. Dafür können Sie einiges tun: Analysieren Sie die Stellenanzeige und benutzen Sie in Ihrem Lebenslauf so viele der dort genannten Schlüsselwörter wie möglich. Stellen Sie diejenigen Kompetenzen ausführlich dar, die für die Stelle wichtig sind. Und belegen Sie Ihre berufliche Entwicklung derart, dass klar wird, dass Sie das, was gefordert wird, bereits gemacht haben.

Kein Standardlebenslauf

Das Fähigkeitsprofil ist eine Zusatzseite, mit der Sie Ihre Fähigkeiten herausheben. Hier können Sie auf in der Anzeige genannte Eigenschaften näher eingehen und erläutern, warum Sie diese besitzen und wo Sie sie erworben und eingesetzt haben.

Das Fähigkeitsprofil

Im Fähigkeitsprofil heben Sie folgende Punkte aus Ihrem Lebenslauf hervor: eigene Person, eigene Motivation, Kenntnisse, also Erfahrungen und besondere Fertigkeiten, und Arbeitsschwerpunkte.

Inhalt des Profils

Experten werden nicht nur eingestellt, weil die Person das Potential hat, die Anforderungen zu erfüllen; sie werden auch eingestellt, weil ein Unternehmen damit Know-how erwirbt, das es nicht besitzt. Dieses Know-how ist Ihr USP – Ihre Unique Selling Proposition. Heben Sie Ihre USP besonders hervor und verstecken Sie sie nicht im Lebenslauf!

Der USP

Verwenden Sie dazu eine eigene Anlage. Die Anlage „Berufserfahrung" ist eine Zusammenstellung Ihrer fachlichen Schwerpunkte, Leistungen und Erfolge. Ihr künftiger Arbeitgeber oder Chef soll davon überzeugt werden, dass Sie das richtige Know-how mitbrin-

Berufserfahrung betonen

gen – und vielleicht sogar noch etwas mehr. Betonen Sie hier die für die ausgeschriebene Position wichtigen Kenntnisse und Erfahrungen. Nennen Sie Aufgaben und von Ihnen erarbeitete Lösungen, die besondere Erfolge nach sich gezogen haben. Beschreiben Sie die Erfolge so konkret wie möglich.

Patente und Gebrauchsmuster

Vor allem bei Naturwissenschaftlern, die in der Entwicklung tätig sind, spiegelt sich ihre Kompetenz auch in Patenten und Gebrauchsmustern wider, die sie während ihres Berufslebens für ihre Arbeitgeber entwickelt haben. Für diese Berufsgruppe empfehle ich eine Liste der angemeldeten Patente in die Bewerbungsmappe aufzunehmen. Falls Sie weitere innovative Ideen entwickelt haben, die jedoch nicht als Patent angemeldet wurden, führen Sie diese ebenfalls auf, sofern damit keine Firmengeheimnisse verletzt werden.

Die Publikationen

Die Expertise von Fachexperten wird nicht nur durch deren Tätigkeit sichtbar, sondern auch durch Veröffentlichungen und Publikationen. Aufsätze in Fachzeitschriften oder Büchern, Vorträge auf Kongressen oder Seminare, die Sie durchgeführt haben, sind Nachweise Ihrer Kompetenz, aber auch Ihres Engagements. Stellen Sie diese in einer gesonderten Anlage zusammen. In diese Zusammenstellung gehören auch Veröffentlichungen, die über Sie erstellt wurden.

Die Weiterbildungsaktivitäten

Zertifikate und Teilnahmebescheinigungen dokumentieren, dass Sie sich in Ihrem Fachgebiet weitergebildet haben. Stellen Sie diese aber nicht in den Vordergrund. Jeder Personalverantwortliche weiß, dass eine erfolgreich besuchte Weiterbildung noch lange keine Garantie dafür ist, dass Sie diese Tätigkeit auch wirklich beherrschen. Überfrachten Sie deshalb Ihre Bewerbungsmappe nicht mit einer Flut von Zertifikaten und Weiterbildungsnachweisen. Hier genügt eine Aufstellung der Maßnahmen, die Sie besucht haben.

Die Auslandserfahrungen

Es gibt kaum noch ein großes Unternehmen, welches nicht weltweit agiert. Auslandserfahrung wird mehr und mehr zu einem Muss, vor allem dann, wenn Sie die Karriereleiter hoch hinaufklettern wollen. Falls möglich: Betonen Sie es, wenn Sie über Auslandserfahrung verfügen.

Tipps für
Ihren Erfolg

▨ Stellen Sie in der Bewerbungsmappe alle Unterlagen zusammen, mit denen Sie nachweisen können, dass Ihr Profil dem der ausgeschriebenen Stelle entspricht.

▨ Die Bewerbungsmappe enthält mindestens ein Deckblatt mit Ihren Kontaktdaten, ein Foto, Ihren Lebenslauf und Kopien der Zeugnisse.

▨ Werten Sie Ihre Bewerbungsmappe durch weitere Anlagen auf, etwa zu Fähigkeitsprofil, Berufserfahrung, Patente und Gebrauchsmuster, Publikationen, Weiterbildungen und Auslandserfahrungen.

Bewerbungsgespräch: mit Argumenten überzeugen

„Es genügt nicht, dass man zur Sache spricht,
man muss auch zu den Menschen sprechen."

STANISLAW JERZY LEC, POLNISCHER APHORISTIKER

„Wir laden Sie zu einem Vorstellungsgespräch in unserem Hause ein." Dies ist die erhoffte frohe Botschaft, nachdem Sie Ihre Bewerbungsunterlagen versendet haben.

Einstellungsentscheidungen müssen sorgfältig vorbereitet und begründet werden. Es reicht nicht aus, dass Sie meinen, der Richtige für die Stelle zu sein, Sie müssen Ihren Gesprächspartnern handfeste Argumente liefern. Trotzdem ist das Vorstellungsgespräch keine einseitige Angelegenheit. Auch Ihr künftiger Vorgesetzter muss Sie davon überzeugen, warum Sie gerade bei ihm anfangen sollen. Dieser Grundsatz gilt nicht nur bei externen Bewerbungen. Auch bei einem innerbetrieblichen Stellenwechsel müssen Sie Ihren künftigen Chef davon überzeugen, dass Sie die beste Wahl sind – und er Sie, dass sich ein Wechsel für Sie lohnt.

Argumentieren in eigener Sache

Bereiten Sie sich auf das Vorstellungsgespräch vor

Mit Ihrem Anschreiben und der Bewerbungsmappe haben Sie überzeugt. Dies ist aber keine Garantie dafür, dass das Vorstellungsgespräch wie von selbst läuft. Eine gute Vorbereitung entscheidet über den Erfolg.

Informationen sammeln

Das Unternehmen, das Sie einstellen will, erwartet, dass Sie das Unternehmen kennen. Andererseits sollten Sie auch wissen, an was Sie sich binden. Bei einer internen Bewerbung müssen Sie sich nicht über das Unternehmen informieren, aber über die Abteilung, in die Sie sich bewerben. Gerade bei einer internen Bewerbung setzt man voraus, dass Sie die Aufgaben der Abteilung und deren Stellung im Unternehmen kennen.

Im Internet recherchieren

Die erste Informationsquelle ist das Internet beziehungsweise das Intranet, wenn Sie sich intern bewerben. So gut wie jedes Unternehmen hat eine Homepage. Hier sehen Sie, wie sich das Unternehmen präsentiert, und erhalten die wichtigsten Informationen. Sie können sich auch in den Archiven der gängigen Tageszeitungen informieren oder in einer Suchmaschine unter dem Stichwort „Firmenauskünfte" suchen. Lassen Sie sich überdies von der Presseabteilung des Unternehmens Informationen zusenden.

Stellenprofile nutzen

Unternehmen mit Fachkarrieren haben die Anforderungen an die Stellen meistens mit Profilen beschrieben. Nutzen Sie diese Profile, um Ihre Kompetenzen mit denen der ausgeschriebenen Stelle abzugleichen. Sie können dann sicherer sein, dass Sie die Anforderungen erfüllen. Im Gespräch fällt es Ihnen leichter zu zeigen, warum Sie der Richtige für diese Position sind.

Antworten auf Standardfragen vorbereiten

In einem Vorstellungsgespräch werden vor allem die folgenden drei Standardfragen gestellt: Warum wollen Sie die Stelle wechseln? Warum sind Sie der richtige Bewerber für die Position? Was sind Ihre Stärken und Schwächen? Mit den schriftlich vorbereiteten Antworten auf diese Fragen machen Sie Ihre Motivation deutlich, zeigen aus Ihrer Sicht, dass Ihre Kompetenzen zur Stelle passen, und stellen dar, dass Sie über eine realistische Selbsteinschätzung verfügen. Mit gut vorbereiteten Antworten können Sie dann im Vorstellungsgespräch punkten. Ein Tipp: Falls Ihr Lebenslauf Brüche, kritische Stellen oder problematische Phasen aufweist, wird man Sie danach fragen. Sie sollten dann eine gute Antwort parat haben.

So bereiten Sie sich auf ein Vorstellungsgespräch vor

Bei externen Bewerbungen fragen Sie sich:

▓ Wie präsentiert sich das Unternehmen?

▓ Welche persönlichen Anknüpfungspunkte verbinden Sie mit dem Unternehmen? Etwa frühere Kontakte, Bekannte im Unternehmen etc.

▓ Was am Unternehmen passt besonders gut zu Ihnen?

▓ Welche Erfahrungen haben Sie mit den Produkten und Kunden des Unternehmens?

Bei internem Stellenangebot:

▓ Warum wurde die Stelle ausgeschrieben?

▓ Gibt es schon einen ausgewählten Kandidaten?

▓ Was wissen Mitarbeiter aus der Abteilung über die Stelle?

▓ Welches Gehalt können Sie bei der ausgeschriebenen Stelle erwarten?

Auf Telefonkontakt einstellen

In Ihren Bewerbungsunterlagen sollte auch immer eine Telefonnummer angegeben sein, unter der Sie erreichbar sind. Stellen Sie sich darauf ein, dass Sie angerufen werden. Viele Firmen nutzen einen Anruf zur Vorauswahl der Bewerber, die sie zum Vorstellungsgespräch einladen. Ihr Anrufbeantworter sollte darum einen seriösen Ansagetext haben. Legen Sie sich Ihre Unterlagen in die Nähe des Telefons, damit Sie schnell auskunftsfähig sind.

Knigge für das Vorstellungsgespräch

Sie werden niemals eine zweite Chance bekommen, einen ersten Eindruck zu hinterlassen. Und dieser wird entscheidend durch die Kleidung bestimmt. Ihr Gegenüber im Vorstellungsgespräch zieht bewusst oder unbewusst Schlüsse aus der Art und Weise, wie Sie sich kleiden. Passen Sie Ihre Kleidung der Position an, die Sie anstreben. Je höher die angestrebte Position, desto mehr müssen Sie auf die Kleidung achten.

Zeigen Sie im Gespräch Kompetenz und Souveränität

Es gibt wenig Bewerber, die vor einem Vorstellungsgespräch nicht nervös sind. Eine gute Vorbereitung hilft Ihnen, sicherer zu werden. Professionell wirken Sie, wenn Sie eine Mappe mit den Bewerbungsunterlagen, den Geschäftsbericht des Unternehmens, einen Block und einen möglichst hochwertigen Kugelschreiber oder Füllhalter mitbringen.

Natürlich und authentisch sein	Aus dem, was Sie sagen und wie Sie es sagen, schließen Ihre Gesprächspartner auf Ihre soziale Kompetenz. Sie werden beobachten, wie souverän Sie auftreten, wie geschickt Sie auch schwierige Fragen beantworten und wie klar und verständlich Sie Sachverhalte erklären. Verstellen Sie sich nicht: Seien Sie natürlich und authentisch.
Hinterlassen Sie einen guten ersten Eindruck	Das Vorstellungsgespräch ist ein erstes Gespräch. Erfolgreich ist es, wenn Sie zu einem zweiten Gespräch eingeladen werden. Im Vorstellungsgespräch geht es darum, einen hervorragenden Eindruck zu hinterlassen. Dies erreichen Sie, indem Sie sich als kompetenter Fachmann präsentieren und klare Positionen zur Aufgabe einnehmen.
Auch Äußerlichkeiten beachten	Treten Sie freundlich und selbstbewusst auf, indem Sie eine aufrechte Körperhaltung, die dem Gesprächspartner zugewandt ist, zeigen. Halten Sie Blickkontakt und lächeln Sie. Damit nehmen Sie Ihre Gesprächspartner spontan für sich ein. Hören Sie Ihrem Gesprächspartner aufmerksam zu und versuchen Sie herauszubekommen, welche Probleme ihm auf den Nägel brennen. Dann zeigen Sie ihm, wie Sie mit Ihrer Kompetenz diese Probleme lösen.
Gesprächsphasen	Ein Vorstellungsgespräch folgt einem bestimmten Ablauf. In jeder Phase sollten Sie bestimmte Dinge ganz besonders berücksichtigen.
Phase 1: Begrüßung und Vorstellung	Zu Beginn eines Vorstellungsgespräches werden Sie meistens nach der Anreise, dem Wetter oder anderen unverbindlichen Dingen gefragt. Ihnen wird Tee oder Kaffee angeboten. Mit diesen kleinen Gesten möchte Ihr zukünftiger Arbeitgeber eine angenehme Atmosphäre herstellen und bei Ihnen Ängste abbauen. Gehen Sie auf das Angebot zum Small Talk ein.
Small Talk	Erzählen Sie eine Begebenheit von der Reise. Erfahrungen zeigen, dass die ersten Minuten in einer neuen Begegnung entscheidend sind. Gerade dann, wenn es noch nicht um Ihre Kompetenz und Ihre Fähigkeiten geht, wird unbewusst schon eine Vorentscheidung gefällt. Sprechen Sie Ihren Gesprächspartner mit seinem Namen an. Angebotene Getränke sollten Sie grundsätzlich dankend annehmen.

Beantworten Sie die Fragen positiv. Jammern Sie nicht über schlechte Verkehrsverbindungen oder Ähnliches. Bedanken Sie sich für die zugesandten Unterlagen und die gute Organisation des Vorstellungsgespräches. Der Small Talk zu Beginn des Vorstellungsgespräches ist schon der erste Test Ihrer sozialen Fähigkeiten. Hier können Sie zeigen, wie gut es Ihnen gelingt, schnell Kontakt zu einem Ihnen fremden Menschen zu finden.

Nicht jammern, positiv bleiben

„Nachdem Sie nun uns und unser Unternehmen kennen gelernt haben, möchten wir gerne mehr über Sie erfahren. Bitte erzählen Sie uns etwas über sich und Ihre berufliche Entwicklung." So oder ähnlich lautet die Überleitung zu Ihrem Auftritt. Sie haben dann fünf bis sieben Minuten Zeit, zu zeigen, dass Ihr beruflicher Werdegang optimal zur ausgeschriebenen Stelle passt. Beschreiben Sie sich neutral und belegen Sie Ihre Kompetenzen mit Beispielen. Ihre Selbstpräsentation muss eine Antwort auf die Frage bieten: „Warum sind Sie der beste Kandidat für die ausgeschriebene Stelle?"

Phase 2: die Selbstpräsentation

„Passen Sie in das Team?" Unter dieser Überschrift stehen die Fragen, die Ihnen in der zweiten Phase gestellt werden. Man wird Sie nach Ihrer Person, der Schulbildung, Ihrer sozialen Herkunft und nach Hobbys fragen. Aus Ihrer Recherche wissen Sie, wie sich das Unternehmen präsentiert. Stellen Sie die Dinge heraus, die zeigen, dass Sie gut zum Team und zum Unternehmen passen.

Persönliche Eignung

Diese Gesprächsphase ist der Kern des Vorstellungsgesprächs. Man fragt Sie nach Ihrer beruflichen Entwicklung, nach Ihren Zielen, aber auch nach Ihren Erfolgen. Je konkreter Sie hier antworten können, umso besser. Der künftige Chef will keine theoretischen Abhandlungen über das Fachgebiet hören, sondern wissen, was Sie in der ausgeschriebenen Position leisten können. Je besser Sie dies mit Erfolgen aus der Vergangenheit belegen können, desto glaubwürdiger werden Sie.

Phase 3: das Eignungsprofil

Jetzt ist das Unternehmen an der Reihe. Man wird Ihnen die Aufgaben in der ausgeschriebenen Stelle erläutern, die Einbindung der Abteilung im Organigramm und die Entwicklungsmöglichkeiten. In dieser Gesprächsphase nehmen Sie aber keine passive Rolle ein. Hören Sie aufmerksam und interessiert zu. Schauen Sie Ihren Ge-

Phase 4: zuhören, Notizen machen, fragen

sprächspartner direkt an, machen Sie sich Notizen. Damit signalisieren Sie, dass Ihnen die Ausführungen wichtig sind. In dieser Phase Sie können Ihr Interesse am Unternehmen, der Abteilung oder dem Team zeigen, indem Sie nachfragen und sich allgemeine Sachverhalte erläutern lassen.

Phase 5: der Vertragsrahmen

In dieser Phase will der künftige Arbeitgeber die Bedingungen für einen möglichen Arbeitsvertrag klären. Dabei geht es mehr um Kündigungsfristen, Mobilität und andere Rahmenbedingungen als um das Gehalt. Erkundigen Sie sich beim ersten Gespräch noch nicht nach den Details des Arbeitsvertrages. Wenn man sich für Sie entschieden hat, haben Sie eine bessere Position, um über Ihre Vergütung und die Nebenleistungen zu sprechen.

Phase 6: die Bewerberfragen

Formulierungen wie die folgende leiten dazu über, dass Sie Ihre Fragen stellen können: „Sie haben nun einiges über die Position und das Unternehmen gehört. Gibt es von Ihrer Seite noch Fragen, die Sie gerne beantwortet hätten?" Die letzten Minuten des Gespräches sollten Sie nutzen, um weitere Informationen zu erfragen. Die schlechteste aller Alternativen ist, das Gespräch mit der folgenden Antwort schnell zu beenden: „Ich habe keine Fragen mehr." Mit Ihren Fragen bekunden Sie Ihr Interesse an der Stelle und der Position. Intelligente, zielgerichtete Fragen erzeugen einen guten Eindruck und geben Ihnen die Möglichkeit, das Gespräch auf Themen zu lenken, bei denen Sie sich gut darstellen können.

Phase 7: die nächsten Schritte

Das Gespräch endet damit, dass Ihnen mitgeteilt wird, bis wann Sie eine Nachricht bekommen und was dann die möglichen nächsten Schritte sind. Wenn Sie im Gespräch den Eindruck gewonnen haben, dass die Stelle nicht zu Ihnen passt, sollten Sie dies bereits jetzt offen sagen.

Schnelle Reaktion vereinbaren

Natürlich möchten Sie nach dem Gespräch wissen, ob Sie eine Chance haben. Andererseits möchten Ihre Gesprächspartner Zeit haben, mit anderen Kandidaten zu sprechen und sich mit ihrer Entscheidung gegebenenfalls bei ihren Chefs abzusichern. Drängen Sie deshalb nicht auf eine Zusage. Geben Sie lieber zu verstehen, dass auch Sie nochmals über das Gespräch nachdenken und es mit Ihrem Lebenspartner besprechen möchten. Achten Sie jedoch darauf, dass Sie innerhalb einer vertretbaren Zeit Antwort erhalten, und sagen Sie zu, dass auch Sie sich schnell festlegen werden.

Seriöse Unternehmen nennen Ihnen schon bei der Einladung die Vertreter, die bei dem Vorstellungsgespräch anwesend sind. Auf jeden Fall sollten Sie vor dem Vorstellungsgespräch danach fragen. Für den künftigen Arbeitgeber oder Vorgesetzten hat ein Gespräch mit mehreren Interviewern Vorteile: Mehrere Personen lernen den Bewerber kennen, Ihre Aussagen können besser protokolliert werden und durch den Austausch unter den Interviewern können sich die Beteiligten ein besseres Gesamturteil bilden.

Mehrere Firmenvertreter

Bei dieser besonderen Gesprächssituation beachten Sie, sich die Namen und die Positionen aller Teilnehmer zu merken. Halten Sie während des gesamten Gespräches Blickkontakt mit allen Teilnehmern. Vor allem aber: Bleiben Sie souverän und lassen Sie sich nicht nervös machen.

Auf alle Beteiligte eingehen

Eine weitere Variante ist, dass Sie mit mehreren Bewerbern gleichzeitig interviewt werden. Das Unternehmen möchte hier die Bewerber im direkten Vergleich beobachten können. Dies bedeutet für Sie, dass Sie sich im Gespräch in einer offenen Konkurrenzsituation befinden.

Gruppeninterview

Tipps fürs Gruppeninterview

- Beteiligen Sie sich mit aktiven und konstruktiven Beiträgen.
- Versuchen Sie nicht, den anderen Beteiligten Ihre Meinung aufzudrängen, sondern diese mit Argumenten zu überzeugen.
- Nehmen Sie nicht den überwiegenden Redeanteil in Anspruch. Seien Sie präzise und prägnant in Ihren Beiträgen.
- Gehen Sie in Ihren Beiträgen auf Einwände und Ideen anderer Teilnehmer ein. Widerlegen Sie diese, wenn es sich anbietet, mit Gegenargumenten.
- Fallen Sie Ihren Mitbewerbern nicht ins Wort. Lassen Sie sie ausreden.
- Verschließen Sie sich nicht gegen gute Argumente und lassen Sie die Meinung anderer gelten.
- Ziehen Sie Einwände gegen Ihre Argumente nicht ins Lächerliche, sondern nehmen Sie sie ernst.

- Beachten Sie zeitliche Vorgaben und erinnern Sie gegebenenfalls die anderen Teilnehmer daran.
- Versuchen Sie ein übergreifendes Problemlösungskonzept zu entwickeln. In diesen Gesprächen zählt nicht, wie gut Ihre Lösung ist, sondern wie Sie an die Lösung herangehen.
- Machen Sie sich nicht zum Anwalt schwächerer Diskussionsteilnehmer.
- Zeigen Sie immer Konsensbereitschaft.

Machen Sie Ihr Vorstellungsgespräch zu einem Erfolg

Im Vorstellungsgespräch werden die Wünsche des Bewerbers mit den Anforderungen des Unternehmens abgeglichen. Nach diesem Gespräch müssen Sie überzeugt sein, dass Sie eine zu Ihrer Karriere passende Stelle gefunden haben. Und Ihre Gesprächspartner müssen überzeugt sein, mit Ihnen den richtigen Mitarbeiter für die ausgeschriebene Stelle gefunden zu haben.

Einfluss nehmen Ihr Verhalten im Vorstellungsgespräch bestimmt ganz wesentlich die Richtung, welche das Gespräch nimmt. Sie haben als Fachexperte Ihrem neuen Vorgesetzten oder Arbeitgeber eine attraktive Expertise in einem für das Unternehmen wichtigen Thema zu bieten. Dabei zählen nicht nur Ihre Fachkenntnisse, sondern auch Ihre Fähigkeit, diese kompetent und engagiert darzustellen.

Überzeugungsarbeit leisten Es kommt vor allem darauf an, dass Sie in den folgenden Punkten überzeugen:
- Erläutern Sie Ihre Kenntnisse und Fähigkeiten mit Beispielen.
- Überzeugen Sie Ihre Gesprächspartner, dass Sie ein Teamplayer sind.
- Stellen Sie sich als Macher dar.
- Zeigen Sie, dass Sie Zukunftspläne haben.
- Dokumentieren Sie Ihre Ernsthaftigkeit.

Dialog suchen Lassen Sie sich nicht wie ein Examenskandidat abfragen. Ein Vorstellungsgespräch ist keine Prüfung, sondern ein Gespräch zwischen gleichberechtigten Partnern, bei dem jedoch die Gesprächsführung beim demjenigen liegt, der die Stelle ausgeschrieben hat. Nutzen Sie Fragen, um das Gespräch mitzusteuern. Versuchen Sie durch aufmerksames Zuhören herauszufinden, was die eigentlichen Probleme des Unternehmens sind. Vielleicht können Sie bereits jetzt Lösungen anbieten, die auf Ihrer Kompetenz beruhen.

Natürlich wollen Sie nach Ihrer Bewerbung und den vielen Vorbereitungen den Job. Dieser Wunsch ist umso stärker, je notwendiger für Sie ein beruflicher Wechsel ist. Aber Sie sind trotzdem kein Bittsteller. Wenn Sie davon überzeugt sind, dass Ihre Fachkenntnis dem Unternehmen etwas nutzt, dann sollten Sie über das notwendige Selbstbewusstsein verfügen, einen Dialog zu führen. Je ungezwungener und natürlicher Sie sich im Gespräch verhalten, desto überzeugender wirken Ihre Persönlichkeit und die von Ihnen vorgetragenen Argumente.

Selbstbewusstsein ausstrahlen

Ein positives Gesprächsklima ist die Voraussetzung für ein erfolgreiches Vorstellungsgespräch. Es sorgt dafür, dass Ihre Antworten auf eine positive Resonanz stoßen. Bei einem negativen Klima werden selbst positive Antworten eher skeptisch betrachtet. Betonen Sie daher das Positive. Bleiben Sie dabei aber sachlich und formulieren Sie Ihre Antworten knapp und präzise. Sie geben mit der Art und Weise, wie Sie über sich und Ihre Tätigkeit sprechen, auch eine Kostprobe davon, wie Sie in der neuen Position argumentieren werden.

Im Vorstellungsgespräch knüpfen Sie auch eine erste Beziehung zu Ihrem künftigen Chef. Finden Sie im ersten Gespräch schon eine große Anzahl von Gemeinsamkeiten, so entsteht eine emotionale Bindung, die oft bei gleicher Kompetenz den Ausschlag für die Zusage gibt.

Gemeinsamkeiten betonen

Wahrscheinlich werden Ihnen im Vorstellungsgespräch auch Fragen gestellt, die Sie am liebsten nicht beantworten würden. Dazu gehört die Frage, warum Sie eine attraktive Position verlassen oder das Unternehmen wechseln wollen. Bleiben Sie ehrlich. Überlegen Sie jedoch, wie Sie die für Sie peinlichen Antworten positiv darstellen können. Je knapper und schlüssiger Sie hier antworten, umso schneller sind Sie beim nächsten Gesprächsthema.

Peinliche Fragen ehrlich beantworten

Bleiben Sie nach dem ersten Gespräch am Ball
Nach dem ersten Gespräch ergänzen Sie Ihre Gesprächsnotizen. Denn vieles haben Sie wahrscheinlich nicht mitgeschrieben, weil Sie sich auf Ihre Antworten konzentrieren mussten.

So ziehen Sie ein Fazit nach dem Bewerbungsgespräch
- Ist die Aufgabe wirklich die richtige für Sie?
- Welche Punkte machen die Stelle für Sie interessant?
- Wie gut werden Sie sich mit Ihrem künftigen Chef verstehen?
- Wie gut passen Sie in das Team?
- Welche Kompetenz ist auf besonderes Interesse gestoßen?
- Welche Gemeinsamkeiten gibt es zwischen dem künftigen Chef, dem Team und Ihnen?

Dankschreiben verfassen

Nach etwa einer Woche sollten Sie sich in einem Brief für das Gespräch bedanken. Dies bringt Sie wieder in Erinnerung. Erwähnen Sie die wichtigsten Gemeinsamkeiten und stellen Sie die für Sie wesentlichen Punkte heraus, warum Sie sich für die Stelle entscheiden und welchen Nutzen Sie dem Team bringen werden.

Das zweites Gespräch führen

Die erste wichtige Hürde haben Sie genommen, wenn Sie Ihre Gesprächspartner im ersten Gespräch überzeugt haben. Werden Sie zu einem zweiten Gespräch eingeladen, dann wissen Sie, dass die meisten Ihrer Mitbewerber aus dem Rennen sind. Aber die Stelle ist Ihnen damit noch nicht sicher. Im zweiten Gespräch geht es darum, wie Sie Ihre künftigen Aufgaben bewältigen werden.

Bieten Sie Lösungen an

Im zweiten Gespräch müssen Sie zeigen, über welches Know-how Sie verfügen und wie Sie die Anforderungen meistern werden. Bereiten Sie sich darauf vor, Lösungen für die Probleme anzubieten, die Sie im ersten Gespräch kennen gelernt haben. Zu dem zweiten Gespräch sollten Sie, soweit dies möglich ist, auch Arbeitsproben mitbringen: Konzepte, die Sie entwickelt haben, Pläne oder Diagramme. Beachten Sie dabei aber, dass Sie keine Unternehmensgeheimnisse Ihres jetzigen Arbeitgebers lüften.

Das zweite Gespräch ist für Sie auch die Chance zu prüfen, inwieweit Ihnen die neue Stelle Entwicklungsperspektiven bietet. Fragen Sie nach den folgenden Punkten:

Entwicklungsperspektiven erfragen

- Wie erfolgreich war das Unternehmen in den letzten Jahren?
- Welche Strategie verfolgt das Unternehmen?
- Wie wird sich die Abteilung weiterentwickeln?
- Wer sind die Kunden der Abteilung? Mit welchen anderen Abteilung wird kooperiert?
- Wie wird das Know-how in der Abteilung aufgebaut, gibt es ein Wissensmanagementsystem?
- Welche Entwicklungsmöglichkeiten können genutzt werden?
- Welche Führungsinstrumente werden eingesetzt?

Falls die fachliche Eignung stimmt, wird auch das Gehalt Thema des Gespräches sein. Üblicherweise nennen Sie hier Ihr bisheriges Gehalt oder das Zielgehalt, dass Sie sich vorstellen. Einen Karrieresprung machen Sie nur, wenn das künftige Gehalt deutlich über Ihrem bisherigen liegt oder die Stelle interessante Entwicklungsperspektiven bietet.

Das Gehalt

Die Zusage ist der erfreuliche Abschluss eines meist langwierigen Bewerbungsprozesses. Die gute Nachricht wird Ihnen meist mündlich mitgeteilt. Wenige Tage später erhalten Sie dann den Arbeitsvertrag. Zögern Sie nicht zu lange, diesen zu unterschreiben. Denn nur allzu leicht kommt der Verdacht auf, dass Sie mit einer anderen, besser dotierten Stelle pokern.

Auf Zusage rasch reagieren

Eine Absage ist immer eine Enttäuschung. Fassen Sie diese nicht als Niederlage oder einen Beweis für Ihr Versagen auf. Die Bewerbung ist ein Prozess, bei dem das Unternehmen feststellt, ob Sie die richtige Frau oder der richtige Mann für eine fest definierte Position sind. Ihre Mitbewerber sind oft nicht besser oder schlechter. Ihre Fähigkeiten passen nur besser zur ausgeschriebenen Stelle. Oder Ihren Mitbewerbern ist es besser gelungen, zu zeigen, dass sie besser zur Stelle passen.

Verhalten bei Absage

Nutzen Sie die Absage zu einer Analyse der Situation: Analysieren Sie selbstkritisch, was Sie Ihrer Meinung nach bei einer zukünftigen Bewerbung besser machen können.

Lernen und Konsequenzen ziehen

**Tipps für
Ihren Erfolg**

- ▓ Bereiten Sie sich auf das Vorstellungsgespräch vor. Sammeln Sie so viele Informationen wie möglich.
- ▓ Notieren Sie Ihre Kernaussagen und Fragen schriftlich und nehmen Sie diese zum Vorstellungsgespräch mit.
- ▓ Geben Sie sich selbstbewusst. Auch Sie haben dem Unternehmen etwas zu bieten. Zeigen Sie durch Ihre Selbstpräsentation, dass Sie der Richtige sind.
- ▓ Gestalten Sie mit Fragen das Vorstellungsgespräch als Dialog. Hören Sie gut zu und nutzen Sie Anknüpfungspunkte, um Ihre Kompetenz darzustellen. Argumentieren Sie immer positiv und stellen Sie Gemeinsamkeiten heraus.
- ▓ Stellen Sie Fragen. So zeigen Sie Interesse an der Stelle und geben Ihren Gesprächspartnern die Gelegenheit, Sachverhalte zu vertiefen.
- ▓ Werten Sie das Gespräch aus. Prüfen Sie, ob die Stelle zu Ihnen passt. Verfassen Sie ein Dankschreiben, um sich wieder in Erinnerung zu bringen.
- ▓ Bereiten Sie sich gut auf ein zweites Gespräch vor. Nutzen Sie die Informationen aus dem ersten Gespräch, um zu zeigen, wie Sie die Aufgabenstellung lösen würden.

Guter Start in der neuen Position

*„Anfangen im Kleinen, Ausharren in Schwierigkeiten,
Streben zum Großen."*

ALFRED KRUPP (1812–1887), DEUTSCHER INDUSTRIELLER,
SOHN DES UNTERNEHMENSGRÜNDERS FRIEDRICH KRUPP

Die Entscheidung ist gefallen! Sie treten die neue Stelle an. Damit gehen viele Erwartungen in Erfüllung. Jetzt kommt es darauf an, einen guten Abschied von der alten Stelle zu finden, und einen guten Start in der neuen.

**Wechsel nicht
zu früh bekannt
geben**

Machen Sie Ihren Wechsel erst publik, wenn Sie die Versetzung oder den neuen Arbeitsvertrag unterschrieben haben. Es gibt immer wieder Fälle, bei denen in letzter Minute der Wechsel dann doch nicht geklappt hat.

176

Nutzen Sie einen Wechsel nicht dazu, mit allem abzurechnen, was Sie an Ihrer bisherigen Stelle gestört hat. Vergessen Sie die schlechten Seiten und erinnern Sie sich an die Erfolge und die guten Beziehungen zu Ihren Kollegen. Ein Abschied von einer Stelle ist immer auch die Chance, Ihr Netzwerk zu vergrößern. Überlegen Sie, mit welchen der Kollegen Sie auch nach Ihrem Wechsel in Kontakt bleiben wollen. Dies ist insbesondere bei einem internen Wechsel wichtig. Denn Sie werden in der neuen Stelle vielleicht immer wieder mit den Kollegen aus Ihrer alten Abteilung zusammentreffen und sogar an gemeinsamen Projekten arbeiten.

„Man sieht sich immer zweimal"

Verabschieden Sie sich auf angemessene Weise. Das mindeste, was Sie tun sollten, ist, sich von jedem Kollegen persönlich zu verabschieden. In manchen Unternehmen ist es auch üblich, eine kleine Abschiedsfeier zu geben. Laden Sie hierzu alle Kollegen ein, mit denen Sie zusammengearbeitet haben. Falls es dabei üblich ist, eine kleine Rede zu halten, nutzen Sie die Chance, das Positive an der Zusammenarbeit hervorzuheben. Bieten Sie an, den Kontakt weiter aufrechtzuerhalten.

Die Verabschiedung

In der neuen Stelle wird Ihnen nichts geschenkt: Die Leistungsanforderungen sind höher, die Kontakte zur Führungskraft und zu den Kollegen noch nicht aufgebaut, Sie müssen sich in eine neue Materie einarbeiten, und Sie sind mit den Gepflogenheiten noch nicht vertraut. Hinzu kommt, dass sich vielleicht auch Ihr privates Umfeld verändert hat: Sie sind umgezogen, müssen mehr reisen oder Ihr Arbeitsrhythmus hat sich verändert.

Neue Herausforderung

Die ersten 100 Tage gelten in der Regel als Schonfrist. Aber täuschen Sie sich nicht! In dieser Zeit werden Sie kritisch beobachtet.

In der Startphase werden Sie stark gefordert. In den ersten 100 Tagen müssen Sie stark sein, damit Sie der zusätzliche Stress nicht aus der Bahn wirft.

So machen Sie sich fit für die neue Stelle

▦ Gleichen Sie die anstrengende Berufstätigkeit durch Freizeitaktivitäten aus. Treiben Sie Sport und halten Sie sich vor allem gesundheitlich fit.

▦ Nehmen Sie sich Zeit für Ihr soziales Umfeld. Dieses gibt Ihnen Geborgenheit und hilft dabei, auch einmal abzuschalten.

▦ Überprüfen Sie Ihr Selbstmanagement: Setzen Sie die Prioritäten richtig? Wie gut gelingt es Ihnen, die Aufgaben zu erledigen? Verschaffen Sie sich täglich Erfolge!

▦ Bauen Sie schnell ein Vertrauensverhältnis zu Ihrem Chef und Ihren Kollegen auf.

▦ Mischen Sie sich nicht in die Machtspiele der neuen Abteilung ein. Sie können die Machtverhältnisse noch nicht gut genug einschätzen.

▦ Gestehen Sie Fehler ein. Man hat Sie als Experte in die Abteilung geholt, aber jeder weiß, dass auch der beste Experte nicht unfehlbar ist. Reagieren Sie auf Fehler und lernen Sie daraus.

Hindernisse überwinden

Jeder geht mit großen Hoffnungen an den Start. Jedoch gibt es Ausnahmen, in denen die Startphase nicht so läuft, wie Sie sich das vorgestellt haben: Die Aufgaben sind zu schwierig oder die Fachkenntnis reicht nicht aus, die Arbeitsbedingungen sind eine Belastung, das Verhältnis zu den Kollegen entwickelt sich schlecht, die Zeit läuft weg, ohne dass Ergebnisse erzielt werden. All das führt dazu, dass man die Entscheidung bereut. Statt einen Sprung nach vorne gemacht zu haben, stellt sich das Gefühl ein, zu versagen.

Ursachen analysieren

In dieser Situation ist es falsch, eine Kurzschlusshandlung zu begehen. Vielleicht ist alles gar nicht so schlimm, wie man es sich vorstellt. Nehmen Sie sich Zeit, die Ursachen herauszufinden, und besprechen Sie die Situation mit einem Vertrauten. Die folgenden Fragen helfen, die Ursachen herauszufinden:

▦ Sind Sie richtig eingearbeitet?

▦ Brauchen Sie noch Zeit, um in die neue Umgebung hineinzuwachsen?

▦ Müssen Sie noch aktiver auf Ihre Führungskraft und Ihre Kollegen zugehen?

▦ Geht es den anderen Kollegen genauso wie Ihnen?

Eine Veränderung der Situation ist nur gemeinsam mit dem Vorgesetzten möglich. Mit ihm sollten Sie den Arbeitsprozess analysieren, um herauszufinden, ob eine Veränderung die Lösung bringt. Vielleicht muss und kann das Aufgabenprofil verändert werden. Im schlimmsten Fall stellen Sie fest, dass die Stelle nicht die richtige für Sie ist. Dann gilt es einen guten Ausstieg zu finden. Es ist besser, frühzeitig Konsequenzen aus einer unbefriedigenden Situation zu ziehen, als diese durchzuhalten und nach ein oder zwei Jahren zu scheitern.

Mit Führungskraft Lösung finden

- Kündigen Sie bei Ihrem alten Arbeitgeber so, dass Sie in guter Erinnerung bleiben. Nutzen Sie Ihren Abschied, um einige Ihrer ehemaligen Kollegen in Ihr Netzwerk aufzunehmen.
- Bereiten Sie sich gut auf die Startphase im neuen Unternehmen vor.
- Suchen Sie mit Ihrer neuen Führungskraft nach Lösungen, falls die Startphase nicht so verläuft, wie Sie es sich vorgestellt haben.

Tipps für Ihren Erfolg

7. Die wichtigsten Aspekte des Karrierewegs

Man macht keine Karriere, sondern Karriere wird gemacht. Und zwar von Ihnen. Sechs Punkte sind dabei besonders wichtig: eine Karrierestrategie, ein Alleinstellungsmerkmal, ein attraktiver beruflicher Lebenslauf, die Bereitschaft zum Wechsel, die Fähigkeit, in Bewerbungsverfahren zu überzeugen, und die externe Hilfe, wenn Sie selbst nicht weiterkommen.

In Ihrer Karriere nehmen Sie nacheinander verschiedene Stellen und Positionen ein. Ausgangspunkt ist Ihre persönliche Vision. Sie beschreibt Ihre Wünsche und Vorstellungen und bringt berufliche und private Interessen in Einklang. Sie haben bei der Entwicklung Ihrer Karrierestrategie herausgefunden, welches Ihre Stärken sind und mit welchen Themen Sie sich profilieren wollen. Ziele spornen Sie an, sich zielstrebig zu entwickeln und eine Stufe der Karriereleiter nach der anderen zu erklimmen.

Die ideale Karrierelaufbahn

Sie motivieren Ihre Führungskraft und Ihren Arbeitgeber dazu, Sie intensiv in Ihrer Entwicklung zu unterstützen und zu fördern. Damit bauen Sie sich in Ihrem Fachthema eine attraktive Kompetenz auf. Je höher Sie auf der Karriereleiter nach oben steigen, umso stärker bestimmen Sie die Entwicklung des Themas in Ihrem Unternehmen mit. Durch Selbstmarketing und Networking sorgen Sie dafür, dass man Ihre Kompetenz erkennt und Ihnen immer verantwortungsvollere Aufgaben überträgt. Immer wieder überprüfen Sie, ob Sie Ihre Ziele erreicht haben und welche Schritte Sie als Nächstes unternehmen müssen.

Als Fachexperte, Vertriebsmitarbeiter, Projektleiter, Berater und Trainer machen Sie Karriere, indem Ihre Kompetenz wächst und Sie dadurch immer mehr dazu beitragen, dass Ihre Führungskraft und Ihr Unternehmen erfolgreich sind.

Sich und andere erfolgreich machen

Durch Ihr Fach-Know-how werden Sie immer wertvoller, und Sie müssen dafür sorgen, dass Sie diese Tatsache in einer für Ihre Entwicklung attraktiven und gut bezahlten Stelle umsetzen.

Sechs wichtige Aspekte Ihres Karrierewegs

- eine Karrierestrategie, die sich flexibel an Veränderungen anpasst
- ein Alleinstellungsmerkmal durch die Spezialisierung auf ein Thema
- eine attraktive Berufsbiografie
- die Fähigkeit und Bereitschaft zum Wechseln
- die soziale Kompetenz, die Sie für Beförderungs- und Bewerbungsverfahren benötigen
- Eigeninitiative und ständige Weiterentwicklung

„Nichts ist beständiger als der Wandel" ist ein vielzitiertes Motto. Dies trifft mehr denn je auf das berufliche Umfeld zu. Die Veränderungsgeschwindigkeit auf den Märkten und damit in den Unternehmen steigt. Aber nicht nur dort. Das Fachgebiet, in dem Sie arbeiten, entwickelt sich rasant weiter. Ihre Karriere hängt davon ab, wie schnell Sie auf diese Veränderungen reagieren können. Das bedeutet, dass Sie sich langfristige Ziele setzen, Ihre Umwelt beobachten und Entscheidungen fällen.

Flexible Karrierestrategie

Fachexperten machen Karriere nicht so sehr in Positionen, sondern durch eine stetige Kompetenzentwicklung. Im Mittelpunkt steht immer die Frage: „Für welche Zielgruppe sind meine Kompetenzen attraktiv und welche Kompetenzen werden künftig für die Zielgruppe Bedeutung gewinnen?" Richten Sie Ihre Kompetenzentwicklung nicht nur an den Anforderungen Ihres jetzigen Unternehmens aus, sondern an einer breiteren Zielgruppe. Das macht Sie auch für andere Arbeitgeber attraktiv. Damit schlagen Sie zwei Fliegen mit einer Klappe: Sie stärken Ihre interne Verhandlungsposition bei Beförderungen und sichern Risiken bei Fusionen und Umorganisationen ab.

Vorteil der Spezialisierung Die Komplexität der Produkte und Dienstleistungen steigt. Unternehmen brauchen Experten, um alle Aspekte eines komplexen Produktes abdecken zu können. Das Wissen, welche Experten für ein Tätigkeitsfeld aufbauen, entwickeln sie nicht von heute auf morgen. Es dauert oft lange, bis sie das rein fachliche Know-how für ihre Rolle erworben haben, die Branche kennen und die internen Prozesse beherrschen.

Spezialisierung führt dazu, dass Sie ein Alleinstellungsmerkmal aufbauen. Sie spezialisieren sich als Fachexperte, indem Sie in Ihrem Fachgebiet eine zusätzliche Kompetenz erwerben, die in dieser Kombination nur von wenigen beherrscht wird. Eine weitere Spezialisierung entsteht, wenn Sie sich auf eine bestimmte Branche spezialisieren. Gerade dann, wenn Produkte und Dienstleistungen sehr branchenspezifisch sind, ist es ein Vorteil für Ihren Arbeitgeber, wenn Sie die Eigenarten der Branche kennen. Spezialisieren können Sie sich auch, wenn Sie sich auf bestimmte Länder konzentrieren. Wichtig ist dann, dass Sie die Sprache des Landes sprechen und die kulturellen Eigenheiten kennen.

Spezialisierung bedeutet auch immer ein Risiko. Der Anwendungsbereich der Spezialkenntnisse ist relativ gering. Neben der Spezialisierung müssen Sie daher immer eine Balance zwischen Spezialisierung und Generalisierung finden. Ihr Know-how muss so umfassend sein, dass Sie sich jederzeit ohne großen Aufwand in andere Spezialthemen einarbeiten können.

Die erfolgreichste Strategie für Ihre Berufsbiografie ist, sich auf ein Thema zu spezialisieren und gleichzeitig ein breites Wissen im Themengebiet aufzubauen.

Eine attraktive Berufsbiografie entsteht nicht von allein. Sie setzt voraus, dass Sie zu jedem Zeitpunkt Ihrer Karriere gewusst haben, wo Sie stehen und welche Möglichkeiten Sie sich eröffnen und nutzen wollten. Sie entsteht auch dadurch, dass Sie zielstrebig Ihre Kompetenz an veränderte Anforderungen angepasst und erweitert haben. Je attraktiver Ihre Biografie ist, desto wahrscheinlicher ist es, dass Sie befördert werden oder eine attraktive Stelle in einem anderen Unternehmen bekommen. Mit jedem Karriereschritt verändert sich Ihre Biografie. Richten Sie Ihre Karriereplanung so aus, dass Ihre Berufsbiografie ständig attraktiver wird.

Attraktive Berufsbiografie

„Nichts geschieht ohne Risiko, aber ohne Risiko geschieht auch nichts." Dieser Ausspruch von Walter Scheel, dem ehemaligen Außenminister, trifft auch auf Ihre Karriere zu. Stellen Sie sich darauf ein, dass Sie sich in Ihrem Berufsleben immer wieder verändern müssen.

Wechselfähigkeit

Die innere Bereitschaft zum Arbeitsplatzwechsel verleiht Ihnen eine starke Position bei allen Verhandlungen mit Ihrem Arbeitgeber. Die Möglichkeit zu wechseln stärkt überdies Ihr Selbstbewusstsein. Die Stärke Ihrer Verhandlungsposition wird durch die Alternative bestimmt, die Sie haben, wenn Sie sich nicht mit Ihrer Position durchsetzen können. Und: Versuchen Sie Ihren beruflichen Werdegang so zu gestalten, dass er jederzeit den Anforderungen anderer Arbeitgeber gerecht wird.

Immer häufiger wird von Fachexperten gefordert, dass sie kontaktfreudig, teamorientiert und kritikfähig sind. Sie sollen Phantasie und Ausdauer mitbringen, einen Sinn für die Durchsetzbarkeit und Realisierung von Ideen haben und sicher im Auftreten sein. Es ist für Ihre Karriere unerlässlich, ständig an der Weiterentwicklung der Soft Skills zu arbeiten.

Soziale Kompetenz entwickeln

Selbst dann, wenn in Ihrer Stelle keine ausgeprägten Soft Skills gefordert werden, helfen sie Ihnen, sich in Beförderungs- und Bewerbungsverfahren besser als die anderen Kandidaten darzustellen. Die folgenden Fähigkeiten sind in einem Bewerbungsverfahren besonders wichtig: Selbstdarstellung, Kontaktfreudigkeit, die Fähigkeit, zuzuhören und sich in die Probleme anderer hineinzuversetzen, Small Talk und Verhandlungsgeschick.

Eigeninitiative und ständige Weiterentwicklung

Eigeninitiative und ständige Weiterentwicklung sind der Motor für Ihre Karriere als Fachexperte. Dies habe ich in diesem Buch immer wieder betont. Überdies habe ich Ihnen gezeigt, was Sie tun sollten, damit der Aufstieg auf der Karriereleiter funktioniert: gute Karriereplanung, Ausschöpfen aller Möglichkeiten für die eigene Entwicklung, Selbstmarketing, Networking und eine professionelle Bewerbung – das sind die Elemente, die Ihnen den Weg nach oben ermöglichen.

Die Arbeitstechniken in diesem Buch führen Sie schrittweise zu Ihrer Karriere- und Entwicklungsplanung. Sie helfen Ihnen, Ihre berufliche Perspektive zu finden, Ziele festzulegen und umzusetzen. Ihr Lebenspartner, Ihre Freunde, Bekannten, Kollegen und Ihre Führungskraft helfen Ihnen durch ihr Feedback, Ihre subjektiven Einschätzungen zu erweitern oder zu korrigieren. Sie entwickeln so ein attraktives Profil und eine Selbstdarstellung, die Sie immer wieder einsetzen können.

Mit jedem Schritt in Ihrer Karriere erhalten Sie ein klareres Bild von Ihrer beruflichen Zukunft und Ihren Möglichkeiten. Ein Karriereberater, wie dieses Buch, hilft Ihnen dabei. Die Entscheidung über Ihre berufliche Zukunft treffen Sie jedoch selbst. Dazu wünsche ich Ihnen viel Erfolg!

Verzeichnis der Arbeitstechniken und Checklisten

**Arbeitstechniken und Fragenkataloge
finden Sie zu den folgenden Inhalten:**

So ...	Seite
machen Sie Ihre Vision sichtbar	56
konkretisieren Sie Ihre Vision	58
finden Sie Ihre Umweltpartner	62
analysieren Sie die Umweltanforderungen	64
machen Sie eine Standortbestimmung	66
dokumentieren Sie Ihre Stärken	67
erkennen Sie Ihre beruflichen Möglichkeiten	70
formulieren Sie Ihre Ziele	72
stellen Sie fest, ob Ihre Ziele motivierend sind	73
planen Sie Ihre Karriere	75
führen Sie ein Erfolgsmonitoring durch	79
legen Sie Ihre Anforderungen an die neue Stelle fest	84

bereiten Sie sich auf das Entwicklungsgespräch vor   97

nutzen Sie das Entwicklungsgespräch für Ihre Karriere   101

erstellen Sie ein Basisprofil   119

ermitteln Sie Ihre Kommunikationskanäle   122

nutzen Sie Ihre Vorträge oder Aufsätze   126

erstellen Sie ein Exposé   131

finden Sie die passende Stelle   153

gehen Sie bei einem telefonischen Erstkontakt vor   159

bereiten Sie sich auf ein Vorstellungsgespräch vor   167

ziehen Sie ein Fazit nach dem Bewerbungsgespräch   174

machen Sie sich fit für die neue Stelle   178

Checklisten

Fachkarriere   19

Karrierevoraussetzungen   80

Zusatzausbildung   107

Bildungsanbieter   111

Literaturverzeichnis

Ackerschott, Harald: *Karriere machen: Vertrieb. Erfolgsprogramme für Berufseinstieg und Weiterbildung.* Wiesbaden: Gabler 2002

Asgodom, Sabine: *Eigenlob stimmt, Erfolg durch Selbst-PR.* Düsseldorf: Econ, 4. Auflage 2006

Bothe-Fehl, Ines; Ernst-Auch, Ursula: *Karriere machen – Banken und Versicherungen. Erfolgsprogramme für Berufseinstieg und Weiterbildung.* Wiesbaden: Gabler, 2. Auflage 2003

Bürkle, Hans: *Aktive Karrierestrategie, Erfolgsmanagement in eigener Sache.* Wiesbaden: Gabler, 3. Auflage 2001

Bürkle, Hans: *Karriereführer für Chemiker. Beruflicher Erfolg durch Aktiv-Bewerbung und Management in eigener Sache.* Weinheim: Wiley-VCH 2003

Bürkle, Hans: *Karrierestrategie und Bewerbungstraining für den erfahrenen Ingenieur.* Berlin: Springer, 2. Auflage 2003

Gabler, MLP: *Berufs- und Karriereplaner Technik. 2007/2008.* Wiesbaden: Gabler 2007

Glaubitz, Uta: *Der Job, der zu mir passt. Das eigene Berufsziel entdecken und erreichen.* Frankfurt am Main/New York: Campus, 4. Auflage 2003

Gorus, Oliver; Zoll, Jörg Achim: *Erfolgreich als Schachbuchautor, Gekonnt publizieren – von der Buchidee bis zur Vermarktung.* Offenbach: GABAL 2006

Gulder, Angelika: *Finde den Job, der dich glücklich macht. Von der Berufung zum Beruf.* Frankfurt am Main/New York: Campus, 2. Auflage 2007

Hartenstein, Martin, u. a.: *Karriere machen: Der Weg in die Unternehmensberatung, Consulting Case Studies erfolgreich bearbeiten.* Wiesbaden: Gabler, 7. Auflage 2007

Hesse, Jürgen; Schrader, Hans Christian: *Was steckt wirklich in mir?* Frankfurt am Main: Eichborn 2006

Hey, Hans A. (Hrg.): *Trainerkarriere. Wie Sie als Trainer erfolgreich selbstständig werden und bleiben.* Offenbach: GABAL 2002

Jasper, Lothar Th.: *Karriere machen: Steuerberatung und Wirtschaftsprüfung 2004/2004.* Wiesbaden: Gabler 2002

Kellner, Hedwig: *Soziale Kompetenz für Ingenieure, Informatiker und Naturwissenschaftler.* München, Wien: Hanser 2006

Kern, Uwe; Störrle, Patricia: *Kündigung: Karrierekick statt Karriereknick. So gelingt der Neustart für Führungskräfte.* Wien: Linde 2004

Keßler, Heinrich; Hönle, Claus: *Karriere im Projektmanagement.* Berlin: Springer 2007

Kunz, Gunnar: *Fachkarriere oder Führungsposition: So stellen Sie die Weichen richtig.* Frankfurt am Main/New York: Campus 2005

Lürssen, Jürgen: *Die heimlichen Spielregeln der Karriere.* Frankfurt am Main/New York: Campus, 2. Auflage 2001

Lürssen, Jürgen: *So macht man Karriere. 17 Gesetze, die Sie kennen müssen.* Frankfurt am Main/New York: Campus 2007

Lutz, Andreas: *Praxisbuch Networking.* Wien: Linde 2005

Püttjer, Christian; Schnierda, Uwe: *Die erfolgreiche Initiativbewerbung für Auf- und Umsteiger.* Frankfurt am Main/New York: Campus, 3. Auflage 2007

Püttjer, Christian; Schnierda, Uwe: *Vorstellungsgespräch.* Frankfurt am Main/New York: Campus, 2. Auflage 2006

Scheler, Uwe: *Erfolgsfaktor Networking.* München: Piper 2005

Stiens, Rita: *Banken, Versicherungen & Finanzberatung. Berufsstart, Jobprofile, Firmenporträts.* München: Econ 2001

Stichwortverzeichnis

Abteilungswechsel 80
Alleinstellungsmerkmal 181
Anforderungen
    (als Karrierefaktor) 78,
    84 (an neue Stelle)
Arbeitstechniken 184
Arbeitszeugnisse 155,
    156 (Zeugnissprache)
Ausbildungslücken 104

Basisprofil 119
Berater 34, 38
Beraterkarriere 36
Beruflicher Entwicklungs-
    weg 12
Berufsbiografie 182
Berufsumfeld 60, 70
Beschäftigungsfähigkeit 15
Bewerbung 26, 81 (inner-
    betrieblich), 82 (extern),
    148
Bewerbungsgespräch 165,
    167 (Benimmregeln),
    168 (Gesprächsphasen),
    172, 174 (Fazit)
Bewerbungsmappe 162
Bewerbungsphasen 154
Bewerbungsschreiben 160
Bewerbungsstrategie 153
Bewerbungstelefongespräch
    167
Bewerbungsunterlagen
    159
Bewerbungsverfahren 23

Eigeninitiative 184
Employability 15, 16
Engagement 103
Entscheider (gewinnen) 121
Entwicklungsmaßnahmen 100
Erfahrungen (austauschen) 132
Erfolgsmonitoring 79
Erfolgsspirale 117
Erstkontakt bei Bewerbung 158
Expertennetzwerk 132

Fachexperte 8, 10, 17, 28,
    29 (Aufgaben/verschiedene
    Bereiche)
Fachexpertise 20
Fachkarriere 9, 10, 17, 19, 25, 28
Fachkarrieresystematik 18
Fachlaufbahnen 18
Fachwissen 32
Flexibilität 13, 181
Fremdeinschätzung 68 (exter-
    nes Feedback zu Stärken)
Führungskarriere versus Fach-
    karriere 10

Generalisierung 182
Gruppeninterview
    (bei Bewerbung) 171

Horizontale Karriere 11

Initiativbewerbung 150, 152
Innendienst (Karriere im)
    29, 30 (Berufsfelder)

Job Rotation 110

Kaminkarriere 21
Karrieredefinition 9
Karriereförderer 95, 121
Karrieregespräch 101
Karrieregestaltung 14, 24
Karriereknick/Karrierekick 85
Karrierelaufbahn 180
Karrieremanagement 21
Karrieremöglichkeiten 11
Karrierenetzwerk 145
Karriereplanung 23, 25, 54, 75
Karrierereparatur 13
Karriererisiken 76
Karriereschritte 75
Karrierespirale 21
Karrieresprung 75, 77, 148
Karrierestrategie 22, 24, 69,
    88 (bei Fusionen)
Karrierevoraussetzungen 80
Karrierewandel 8
Karrierewartung 14
Karriereweg 180,
    181 (wichtigste Aspekte)
Kommunikationskanäle
    122, 123
Kommunikationsstrategie 121
Kompetenzaufbau/ -ausbau 91,
    103, 108, 181
Kompetenzen 25, 91, 103
Kompetenzentwicklung 181
Kompetenzfelder 92
Kontaktaufbau 138
Kontaktaufnahme 140
Kontaktnetz 88
Kontaktpflege 139
Kräfte bündeln 71
Kurzbewerbung 150, 151

Lebenslanges Lernen 91

Managementkarriere 9, 10
Marketing 40,
    115 (Karriereförderer)
Mentoring 110
Mitarbeiterentwicklungs-
    gespräche 94,
    95 (Vorbereitung auf),
    98, 99 (Verlauf)

Namedropping 144
Networking 25, 115,
    116 (Karriereförderer),
    133 (Vorteile),
    134 (Möglichkeiten),
    136, 145
Networking-Regeln 147
Netzwerknutzung 142
Netzwerkstrategie 137

Personalberatungen 152
Profil aufbauen 116
Profilierung durch externe
    Tätigkeiten 127
Projektleiter 48,
    49 (typische Karriere),
    51 (Berufsfelder/
    Karrierepfade),
    52 (Kompetenzen)
Projektmanagement 48
Projektmanagementkarriere
    50

Qualifizierung 103, 107
Qualifizierungen off the job 109
Qualifizierungen on the job 109

Schlüsselkompetenzen 111, 112
(Darstellung verschiedener
Schlüsselkompetenzen)
Selbstbewusstsein
(bei Bewerbung) 173
Selbstbild 65
Selbstdarstellung 123
Selbsteinschätzung 65
Selbstmarketing 25, 115, 116,
123 (verschiedene Kommu-
nikationskanäle), 126
Selbstmarketingspirale 118
Service 40
Sichtbarkeit (von Karriere) 14
SMART 72
Soft Skills 29, 33, 39, 47, 183
Spezialisierung 182
Stärken 67 (Dokumentation)
Stärken und Schwächen 65, 66
Standortbestimmung 65
Stellengesuch 151
Stellenmarkt 149
Stellensuche 79, 149,
150 (Informations-
möglichkeiten)
Stellenwechsel 25,
81(unternehmensintern),
176 (fit machen)
Strategisches Karriere-
management 21

Träume 55
Trainer 34, 38
Trainerlaufbahn 35+

Umfeld 23, 60, 70
Umfeld, beruflich/privat 61
Umweltanforderungen 64
Umwelteinflüsse 63

Umweltpartner 61, 64
Unternehmensexterne Aktivitä-
ten 126, 127 (Möglichkeiten)
Unternehmenswechsel 82, 176

Veränderungen im Unter-
nehmen (als Karrierefaktor)
86
Veröffentlichungen 126, 130,
131 (Exposé)
Versorgungsmentalität 90
Vertikale Karriere 11
Vertrieb und Service 40,
43 (Berufsfelder), 45,
46 (Kompetenzen)
Vision 55, 56 (Vision kreieren),
58 (Vision konkretisieren)
Vorgesetzten (Chef) überzeugen
125
Vorgesetzter (als Karriereförderer) 95
Vorstellungsgespräch 165,
167 (Benimmregeln), 168
(Gesprächsphasen), 172,
174 (Fazit)

Werbebroschüre (für Karriere)
120
Wissen (aufbauen) 132
Wissenschaftliche Ausbildung
32

Zeugnis 156
Ziele 59, 71, 73 (motivierende)
Zielerreichung 74
Zielkonzentration 71
Zusatzausbildung 104,
105 (verschiedene
Möglichkeiten)

Der Autor

Dr. Tomas Bohinc kann auf langjährige Erfahrungen in einem großen Unternehmen zurückblicken. Seit 1984 ist er für die Deutsche Telekom AG und ihre Vorgängerorganisationen in unterschiedlichen Bereichen tätig.

Er studierte Physik und Nachrichtentechnik sowie Philosophie und absolvierte ein Postgraduiertenstudium im Bereich Team- und Organisationsentwicklung. Seit 2001 ist er bei T-Systems, einem Tochterunternehmen der Deutschen Telekom AG, im Bereich People- und Expert-Development tätig. Das Buch ist aus der langjährigen Erfahrung mit dem Thema Fachkarriere bei T-Systems entstanden. Er stellt das Thema jedoch nicht aus der Perspektive des Unternehmens T-Systems dar, sondern auf der Grundlage des gegenwärtigen Standes der Forschung und Praxis in den unterschiedlichsten Unternehmen.

Tomas Bohinc ist Autor des Buches „Projektmanagement: Soft Skills für Projektleiter" und veröffentlicht seit über 15 Jahren regelmäßig Fachartikel zu Kommunikations-, Management- und HR-Themen.

Nebenberuflich ist er Referent an der Technischen Akademie Esslingen.

Mehr Informationen zum Autor und zu den Themen des Buches finden Sie auf der Internetseite zum Buch: www.fachkarriere-machen.de

Kontaktadresse des Autors Dr. Tomas Bohinc, Waldstraße 52, 64569 Nauheim, E-Mail: tbohinc@t-online.de